风光互补发电系统实训教程

南京康尼科技实业有限公司　夏庆观　主编

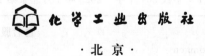

·北京·

本书以2012年全国职业院校技能大赛高职组"风光互补发电系统安装与调试"赛项指定使用的设备为依托，设计了涉及光伏发电系统和风力发电系统的19个实训项目，较为全面地介绍了光伏发电系统和风力发电系统的基础知识，如光伏组件跟踪装置的组装与控制、光伏组件输出特性、蓄电池充放电特性测试、风场的组装与控制、侧风偏航的控制、风力发电机的输出特性、逆变与负载、监控系统与组态软件应用等。这些实训项目可以检验学习者的理论知识和实践能力，有助于巩固和拓宽知识面。

本书可作为高职高专院校能源类、制造类、电子信息类、自动化类及相关专业的实训教材，也可供有关工程技术人员参考。

图书在版编目（CIP）数据

风光互补发电系统实训教程/夏庆观主编．—北京：化学工业出版社，2012.5（2025.1重印）
ISBN 978-7-122-13981-8

Ⅰ.风…　Ⅱ.夏…　Ⅲ.①风力发电系统-教材②太阳能发电-电力系统-教材　Ⅳ.①TM614②TM615

中国版本图书馆CIP数据核字（2012）第066512号

责任编辑：刘　哲　张建茹　　　　　　　　　　　　装帧设计：王晓宇
责任校对：王素芹

出版发行：化学工业出版社（北京市东城区青年湖南街13号　邮政编码100011）
印　　装：北京建宏印刷有限公司
787mm×1092mm　1/16　印张9　字数204千字　2025年1月北京第1版第13次印刷

购书咨询：010-64518888　　　　　　　　　　　　　售后服务：010-64518899
网　　址：http://www.cip.com.cn
凡购买本书，如有缺损质量问题，本社销售中心负责调换。

定　价：20.00元　　　　　　　　　　　　　　　　　　　版权所有　违者必究

在国家产业政策引导下，中国新能源产业保持快速增长态势，发展重点由风电为主转变为新能源产品多元化并重。未来的3~5年，中国将成为全球光伏市场增长最快的国家，光伏产业竞争重心将从上游制造环节转移到下游市场应用环节。2013~2015年中国光伏市场将进入相对稳定的发展阶段，2015年光伏装机容量有望超过10GW。经过近十年的发展，中国风电产业体系建设相对完善，产业规模位居世界前列，风电产业已经发展成为中国新能源产业重要的组成部分，2011~2015年间风电将进入一个稳定发展的时期。

中国高等职业教育快速发展，截至2009年，全国独立设置高职院校1215所，招生数313万人，在校生964.8万人，与本科招生规模大体相当。高等职业教育成为高等教育的半壁江山，为国家培养了超过1300万高素质技能型专门人才，为经济发展和高等教育改革发展做出了重要贡献，赢得了社会各界的普遍关注和支持。目前，高等职业教育在进行深入改革，高等职业教育在主动适应区域经济社会发展的需要，坚持以服务为宗旨、以就业为导向。国内很多高职院校为了适应国家新能源战略性新兴产业结构升级与转移的社会需求，已经开设或准备开设新能源专业及相关专业，2010年教育部核定增加的新能源类专业有风能与动力技术、风力发电设备及电网自动化、新能源应用技术、光伏发电技术及应用、新能源发电技术、光伏应用技术等。

2011年全国职业院校技能大赛高职组举办了"光伏发电系统安装与调试"赛项，选用南京康尼科技实业有限公司的KNT-SPV01型光伏发电实训系统，该赛项推动了高职院校新能源专业及相关专业的建设。2012年全国职业院校技能大赛高职组的"风光互补发电系统安装与调试"赛项选用南京康尼科技实业有限公司的KNT-WP01型风光互补发电实训系统，该设备在KNT-SPV01型光伏发电实训系统的基础上引入了风力发电系统的基本知识。本书以KNT-WP01风光互补发电实训系统为依托，展现风光互补发电的完整过程。

本书共分7章。第1章是KNT-WP01型风光互补发电实训系统的组成，介绍了各系统和装置的结构与工作原理。第2章是光伏供电装置实训，主要介绍了光伏组件跟踪装置的组装。第3章是光伏供电系统实训，重点介绍了光伏组件的跟踪调试、光伏组件的输出特性的测试和蓄电池的充放电特性测试。第4章是风力供电装置实训，侧重模拟风场装置组装。第5章是风力供电系统实训，重点介绍了侧风偏航装置的控制、风力发电机输出特性测试。第 6 章是逆变与负载系统实训，介绍了逆变器的参数测试、逆变器的负载安装与调试；第 7 章是监控系统，介绍了组态软件的应用与开发。光伏供电系统和风力供电系统的部分国家标准放入附录，供读者参考。

目前，高职高专院校新能源学科的系列教材正在完善，缺少相应的实验教程，本书的编写和出版将有助于高职高专院校新能源学科的教材建设和学科的发展。

本书由夏庆观主编。牛小记、付本双、蔡娅、丁猛、吴广德、皇立波、刘蔚钊、孔静、王栋、陈广欣等参与书稿的材料整理和设备的测试工作。

在编写过程中，编者参考了诸多论著和教材，在此对参考文献中的各位作者深表谢意。

限于编者的学识，书中难免存在不妥之处，恳请读者不吝指正。

编者

2012 年 3 月

目录

风光互补发电系统实训教程
FENG GUANG HU BU FA DIAN XI TONG SHI XUN JIAO CHENG

第 1 章　KNT-WP01 型风光互补发电实训系统 ———————— 1

1.1　光伏供电装置和光伏供电系统 ………………………………………… 1
 1.1.1　光伏供电装置 ……………………………………………………… 1
 1.1.2　光伏供电系统 ……………………………………………………… 3
1.2　风力供电装置和风力供电系统 ………………………………………… 21
 1.2.1　风力供电装置 ……………………………………………………… 21
 1.2.2　风力供电系统 ……………………………………………………… 22
1.3　逆变与负载系统 ………………………………………………………… 37
 1.3.1　逆变电源控制单元 ………………………………………………… 37
 1.3.2　逆变输出显示单元 ………………………………………………… 38
 1.3.3　逆变与负载系统主电路 …………………………………………… 39
 1.3.4　接线排 ……………………………………………………………… 40
1.4　监控系统 ………………………………………………………………… 42
 1.4.1　监控系统组成 ……………………………………………………… 42
 1.4.2　接线排与通信 ……………………………………………………… 42
 1.4.3　监控界面 …………………………………………………………… 43

第 2 章　光伏供电装置实训 ———————————————— 46

2.1　光伏电池方阵的安装 …………………………………………………… 46
 2.1.1　实训的目的和要求 ………………………………………………… 46
 2.1.2　基本原理 …………………………………………………………… 46
 2.1.3　实训内容 …………………………………………………………… 49
 2.1.4　操作步骤 …………………………………………………………… 49
 2.1.5　小结 ………………………………………………………………… 50
2.2　光伏供电装置组装 ……………………………………………………… 50
 2.2.1　实训的目的和要求 ………………………………………………… 50
 2.2.2　基本原理 …………………………………………………………… 51

  2.2.3　实训内容 ··· 53
  2.2.4　操作步骤 ··· 53
  2.2.5　小结 ··· 53

第3章　光伏供电系统实训 —— 55

3.1　光伏供电系统接线 ··· 55
  3.1.1　实训的目的和要求 ·· 55
  3.1.2　基本原理 ··· 55
  3.1.3　实训内容 ··· 55
  3.1.4　操作步骤 ··· 55
  3.1.5　小结 ··· 56

3.2　光线传感器 ·· 56
  3.2.1　实训的目的和要求 ·· 56
  3.2.2　基本原理 ··· 57
  3.2.3　实训内容 ··· 58
  3.2.4　操作步骤 ··· 58
  3.2.5　小结 ··· 58

3.3　光伏电池组件光源跟踪控制程序设计 ································· 58
  3.3.1　实训的目的和要求 ·· 58
  3.3.2　基本原理 ··· 59
  3.3.3　实训内容 ··· 60
  3.3.4　操作步骤 ··· 60
  3.3.5　小结 ··· 61

3.4　光伏电池的输出特性 ·· 61
  3.4.1　实训的目的和要求 ·· 61
  3.4.2　基本原理 ··· 61
  3.4.3　实训内容 ··· 62
  3.4.4　操作步骤 ··· 62
  3.4.5　小结 ··· 63

3.5　蓄电池的充电特性和放电保护 ··· 63
  3.5.1　实训的目的和要求 ·· 63
  3.5.2　基本原理 ··· 63
  3.5.3　实训内容 ··· 67
  3.5.4　操作步骤 ··· 67
  3.5.5　小结 ··· 70

第4章 风力供电装置实训 ... 71

4.1 水平轴永磁同步风力发电机组装 ... 71
4.1.1 实训的目的和要求 ... 71
4.1.2 基本原理 ... 71
4.1.3 实训内容 ... 71
4.1.4 操作步骤 ... 71
4.1.5 小结 ... 72

4.2 模拟风场装置组装 ... 72
4.2.1 实训的目的和要求 ... 72
4.2.2 基本原理 ... 73
4.2.3 实训内容 ... 74
4.2.4 操作步骤 ... 74
4.2.5 小结 ... 75

4.3 侧风偏航装置组装 ... 75
4.3.1 实训的目的和要求 ... 75
4.3.2 基本原理 ... 75
4.3.3 实训内容 ... 76
4.3.4 操作步骤 ... 76
4.3.5 小结 ... 77

第5章 风力供电系统实训 ... 78

5.1 风力供电系统接线 ... 78
5.1.1 实训的目的和要求 ... 78
5.1.2 基本原理 ... 78
5.1.3 实训内容 ... 78
5.1.4 操作步骤 ... 78
5.1.5 小结 ... 79

5.2 模拟风场控制程序设计 ... 79
5.2.1 实训的目的和要求 ... 79
5.2.2 基本原理 ... 80
5.2.3 实训内容 ... 80
5.2.4 操作步骤 ... 80
5.2.5 小结 ... 81

5.3 风力发电机侧风偏航控制程序设计 ... 81
5.3.1 实训的目的和要求 ... 81

  5.3.2　基本原理 …………………………………………………………………… 81
  5.3.3　实训内容 …………………………………………………………………… 82
  5.3.4　操作步骤 …………………………………………………………………… 82
  5.3.5　小结 ………………………………………………………………………… 83
 5.4　风力发电机输出特性测试 ………………………………………………………… 83
  5.4.1　实训的目的和要求 …………………………………………………………… 83
  5.4.2　基本原理 …………………………………………………………………… 83
  5.4.3　实训内容 …………………………………………………………………… 83
  5.4.4　操作步骤 …………………………………………………………………… 84
  5.4.5　小结 ………………………………………………………………………… 85

第6章　逆变与负载系统实训　　　　　　　　　　　　　　　　　　　86

 6.1　逆变器的参数测试 ………………………………………………………………… 86
  6.1.1　实训的目的和要求 …………………………………………………………… 86
  6.1.2　基本原理 …………………………………………………………………… 86
  6.1.3　实训内容 …………………………………………………………………… 87
  6.1.4　操作步骤 …………………………………………………………………… 87
  6.1.5　小结 ………………………………………………………………………… 90
 6.2　逆变器的负载安装与调试 ………………………………………………………… 91
  6.2.1　实训的目的和要求 …………………………………………………………… 91
  6.2.2　基本原理 …………………………………………………………………… 91
  6.2.3　实训内容 …………………………………………………………………… 92
  6.2.4　操作步骤 …………………………………………………………………… 92
  6.2.5　小结 ………………………………………………………………………… 92

第7章　监控系统　　　　　　　　　　　　　　　　　　　　　　　　93

 7.1　监控系统的通信 …………………………………………………………………… 93
  7.1.1　实训的目的和要求 …………………………………………………………… 93
  7.1.2　实训内容 …………………………………………………………………… 93
  7.1.3　操作步骤 …………………………………………………………………… 94
  7.1.4　小结 ………………………………………………………………………… 94
 7.2　组态软件的应用与开发 …………………………………………………………… 95
  7.2.1　实训的目的和要求 …………………………………………………………… 95
  7.2.2　实训内容 …………………………………………………………………… 95
  7.2.3　操作步骤 …………………………………………………………………… 109
  7.2.4　小结 ………………………………………………………………………… 110

7.3　MCGS 组态软件的应用与开发 ………………………………………………… 110
　　7.3.1　实训的目的和要求 ……………………………………………………… 110
　　7.3.2　实训内容 ………………………………………………………………… 111
　　7.3.3　操作步骤 ………………………………………………………………… 120
　　7.3.4　小结 ……………………………………………………………………… 121

参考文献 ———————————————————— 122

附录 A　能源类部分国家标准和行业标准 ———————— 123

附录 B　2011 年光伏发电系统安装与调试赛项测试赛任务书 ———— 124

第 1 章

KNT-WP01型风光互补发电实训系统

KNT-WP01型风光互补发电实训系统是2012年全国职业院校技能大赛高职组"风光互补发电系统安装与调试"赛项指定使用的大赛设备，由南京××科技实业有限公司提供。该设备是在2011年全国职业院校技能大赛高职组"光伏发电系统安装与调试"赛项指定使用的KNT-SPV01型光伏发电实训系统设备的基础上增加了风力供电装置和风力供电系统，进行了风光互补功能拓展。

KNT-WP01型风光互补发电实训系统主要由光伏供电装置、光伏供电系统、风力供电装置、风力供电系统、逆变与负载系统、监控系统组成，如图1-1所示。KNT-WP01型风光互补发电实训系统采用模块式结构，各装置和系统具有独立的功能，可以组合成光伏发电实训系统和风力发电实训系统。

图1-1 KNT-WP01型风光互补发电实训系统

1.1 光伏供电装置和光伏供电系统

1.1.1 光伏供电装置

(1) 光伏供电装置的组成

光伏供电装置主要由光伏电池组件、投射灯、光线传感器、光线传感器控制盒、水平方向和俯仰方向运动机构、摆杆、摆杆减速箱、摆杆支架、单相交流电动机、电容器、水平运动和俯仰运动直流电动机、接近开关、微动开关、底座支架等设备与器件组成，如图 1-2 所示。

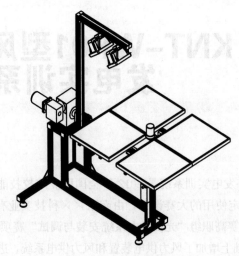

图 1-2　光伏供电装置

4 块光伏电池组件并联组成光伏电池方阵，光线传感器安装在光伏电池方阵中央。2 盏 300W 的投射灯安装在摆杆支架上，摆杆底端与减速箱输出端连接，减速箱输入端连接单相交流电动机。电动机旋转时，通过减速箱驱动摆杆作圆周摆动。摆杆底端与底座支架连接部分安装了接近开关和微动开关，用于摆杆位置的限位和保护。水平和俯仰方向运动机构由水平运动减速箱、俯仰运动减速箱、水平运动和俯仰运动直流电动机、接近开关和微动开关组成。水平运动和俯仰运动直流电动机旋转时，水平运动减速箱驱动光伏电池方阵作向东方向或向西方向的水平移动，俯仰运动减速箱驱动光伏电池方阵作向北方向或向南方向的俯仰移动，接近开关和微动开关用于光伏电池方阵位置的限位和保护。

（2）部分设备（器件）参数

① 光伏电池组件主要参数

额定功率：20W

额定电压：17.2V

额定电流：1.17A

开路电压：21.4V

短路电流：1.27A

尺寸：430mm×430mm×28mm

② 投射灯主要参数

电压：AC220V

额定功率：300W

③ 光线传感器主要参数

4 象限

④ 水平、俯仰运动减速箱主要参数

减速比：1：80

⑤ 摆杆减速箱主要参数

减速比：1：3000

(3) 光伏供电装置的设备和器件清单

表 1-1 是光伏供电装置的设备和器件清单。

表1-1 光伏供电装置的设备和器件清单

序号	设备(器件)名称	数量	序号	设备(器件)名称	数量
1	光伏电池组件	4	12	光伏电池组件北、南方向限位微动开关	2
2	投射灯	2	13	摆杆减速箱	1
3	光线传感器	1	14	摆杆减速箱底座	1
4	光线传感器控制盒	1	15	摆杆	1
5	水平和俯仰方向运动机构	1	16	摆杆支架	1
6	水平和俯仰方向运动机构支架	1	17	单相交流电动机	1
7	水平运动减速箱	1	18	电容器	1
8	俯仰运动减速箱	1	19	午日位置接近开关	1
9	水平运动直流电动机	1	20	摆杆东、西方向运动限位微动开关	2
10	俯仰运动直流电动机	1	21	底座支架	1
11	光伏电池组件水平运动限位接近开关	1	22	连杆	1

1.1.2 光伏供电系统

光伏供电系统主要由光伏电源控制单元、光伏输出显示单元、触摸屏、光伏供电控制单元、DSP 控制单元、接口单元、西门子 S7-200PLC、继电器组、接线排、蓄电池组、可调电阻、断路器、12V 开关电源、网孔架等组成，如图 1-3 所示。

1.1.2.1 光伏电源控制单元

(1) 光伏电源控制单元面板

光伏电源控制单元面板如图 1-4 所示。光伏电源控制单元主要由断路器、+24V 开关电源插座、AC220V 电源插座、指示灯、接线端 DT1 和 DT2 等组成。

接线端子 DT1.1、DT1.2 和 DT1.3、DT1.4 分别接入 AC220V 的 L 和 N。接线端子 DT2.1、DT2.2 和 DT2.3、DT2.4 分别输出+24V 和 0V。光伏电源控制单元的电气原理图如图 1-5 所示。

(2) 光伏电源控制单元接线

光伏电源控制单元接线见表 1-2。

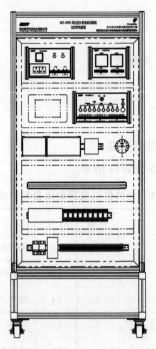

图 1-3 光伏供电系统

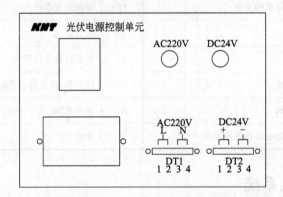

图 1-4 光伏电源控制单元面板

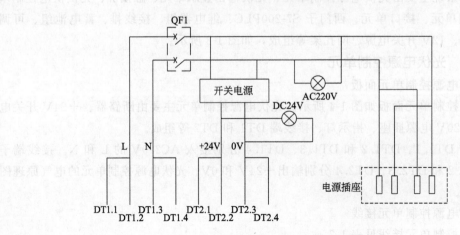

图 1-5 光伏电源控制单元的电气原理图

表1-2 光伏电源控制单元接线

序号	起始端位置	结束端位置	线 型
1	DT1.1、DT1.2(ϕ3叉型端子)	接线排L(管型端子)	0.75mm² 红色
2	DT1.3、DT1.4(ϕ3叉型端子)	接线排N(管型端子)	0.75mm² 黑色
3	DT2.1、DT2.2(ϕ3叉型端子)	接线排+24V(管型端子)	0.75mm² 红色
4	DT2.3、DT2.4(ϕ3叉型端子)	接线排0V(管型端子)	0.75mm² 白色

1.1.2.2 光伏输出显示单元

（1）光伏输出显示单元面板

光伏输出显示单元面板如图1-6所示。光伏输出显示单元主要由直流电流表、直流电压表、接线端DT3和DT4等组成。

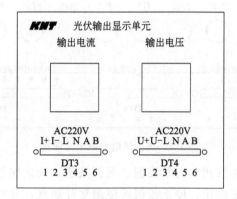

图1-6 光伏输出显示单元面板

接线端子DT3.3、DT3.4和DT4.3、DT4.4分别接入AC220V的L和N。接线端子DT3.5、DT3.6和DT4.5、DT4.6分别是RS485通信端口。接线端子DT3.1、DT3.2和DT4.1、DT4.2分别用于测量和显示光伏电池方阵输出的直流电流和直流电压。

（2）光伏输出显示单元接线

光伏输出显示单元电气原理图见图1-14，光伏输出显示单元接线见表1-3。

表1-3 光伏输出显示单元接线

序号	起始端位置	结束端位置	线 型
1	DT3.3(ϕ3叉型端子)	接线排L(管型端子)	0.75mm² 红色
2	DT3.4(ϕ3叉型端子)	接线排N(管型端子)	0.75mm² 黑色
3	DT4.3(ϕ3叉型端子)	接线排L(管型端子)	0.75mm² 红色
4	DT4.4(ϕ3叉型端子)	接线排N(管型端子)	0.75mm² 黑色
5	DT3.1(ϕ3叉型端子)	QF07输出(ϕ4叉型端子)	0.5mm² 蓝色
6	DT3.2(ϕ3叉型端子)	DT4.1(ϕ3叉型端子)	0.5mm² 蓝色
7	DT4.1(ϕ3叉型端子)	XT1.29(管型端子)	0.5mm² 蓝色
8	DT4.2(ϕ3叉型端子)	XT1.30(管型端子)	0.5mm² 蓝色
9	DT3.5(ϕ3叉型端子)	DT4.5(ϕ3叉型端子)	0.5mm² 蓝色
10	DT3.6(ϕ3叉型端子)	DT4.6(ϕ3叉型端子)	0.5mm² 蓝色
11	DT4.5(ϕ3叉型端子)	XT1.33(管型端子)	屏蔽电缆
12	DT4.6(ϕ3叉型端子)	XT1.34(管型端子)	屏蔽电缆

1.1.2.3 光伏供电控制单元

(1) 光伏供电控制单元组成

光伏供电控制单元主要由选择开关、急停按钮、带灯按钮、接线端DT5、DT6和DT7等组成。光伏供电控制单元面板如图1-7所示。

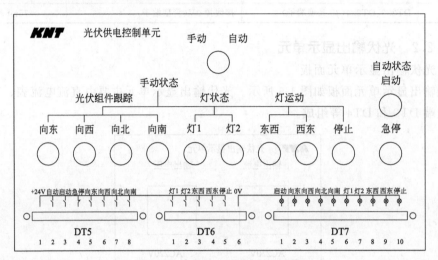

图1-7 光伏供电控制单元面板

选择开关自动挡、启动按钮、向东按钮、向西按钮、向北按钮、向南按钮、灯1按钮、灯2按钮、东西按钮、西东按钮、停止按钮均使用常开触点，分别接在接线端子的DT5.2、DT5.3、DT5.5、DT5.6、DT5.7、DT5.8、DT6.1、DT6.2、DT6.3、DT6.4、DT6.5等端口。急停按钮使用常闭触点，接在接线端子的DT5.4端口。接线端子DT5.1和DT6.6分别接入+24V和0V。接线端DT7有10个端口，分别接入相应按钮的指示灯。

(2) 光伏供电控制单元电气原理图

光伏供电控制单元的电气原理图如图1-8所示。

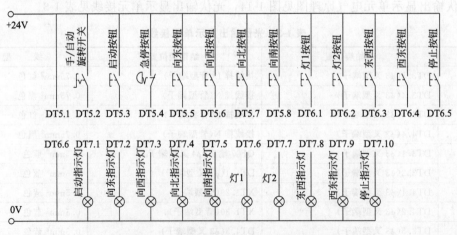

图1-8 光伏供电控制单元电气原理图

(3) 光伏供电控制单元器件清单

光伏供电控制单元器件清单见表1-4。

表 1-4 光伏供电控制单元器件清单

序号	器件名称	功　能	数量	备　注
1	选择开关	程序的手动或自动选择	1	自动挡为常开触点
2	急停按钮	用于急停处理	1	常闭触点
3	启动按钮	程序启动	1	带灯(绿色)按钮、常开触点
4	向东按钮	光伏电池方阵向东偏转	1	带灯(黄色)按钮、常开触点
5	向西按钮	光伏电池方阵向西偏转	1	带灯(黄色)按钮、常开触点
6	向北按钮	光伏电池方阵向北偏转	1	带灯(黄色)按钮、常开触点
7	向南按钮	光伏电池方阵向南偏转	1	带灯(黄色)按钮、常开触点
8	灯 1 按钮	投射灯 1 亮	1	带灯(绿色)按钮、常开触点
9	灯 2 按钮	投射灯 2 亮	1	带灯(绿色)按钮、常开触点
10	东西按钮	投射灯由东向西移动	1	带灯(黄色)按钮、常开触点
11	西东按钮	投射灯由西向东移动	1	带灯(黄色)按钮、常开触点
12	停止按钮	程序停止	1	带灯(红色)按钮、常开触点
13	8 位接线端子		1	DT-8P
14	6 位接线端子		1	DT-6P
15	10 位接线端子		1	DT-10P

(4) 光伏供电控制单元接线

光伏供电控制单元接线见表 1-5。

表 1-5 光伏供电控制单元接线

序号	起始端位置	结束端位置	线　型
1	DT5.1(ϕ3 叉型端子)	接线排+24V(管型端子)	0.5mm² 红色
2	DT5.2(ϕ3 叉型端子)	CPU226 I0.0(管型端子)	0.5mm² 蓝色
3	DT5.3(ϕ3 叉型端子)	CPU226 I0.1(管型端子)	0.5mm² 蓝色
4	DT5.4(ϕ3 叉型端子)	CPU226 I0.2(管型端子)	0.5mm² 蓝色
5	DT5.5(ϕ3 叉型端子)	CPU226 I0.3(管型端子)	0.5mm² 蓝色
6	DT5.6(ϕ3 叉型端子)	CPU226 I0.4(管型端子)	0.5mm² 蓝色
7	DT5.7(ϕ3 叉型端子)	CPU226 I0.5(管型端子)	0.5mm² 蓝色
8	DT5.8(ϕ3 叉型端子)	CPU226 I0.6(管型端子)	0.5mm² 蓝色
9	DT6.1(ϕ3 叉型端子)	CPU226 I0.7(管型端子)	0.5mm² 蓝色
10	DT6.2(ϕ3 叉型端子)	CPU226 I1.0(管型端子)	0.5mm² 蓝色
11	DT6.3(ϕ3 叉型端子)	CPU226 I1.1(管型端子)	0.5mm² 蓝色
12	DT6.4(ϕ3 叉型端子)	CPU226 I1.2(管型端子)	0.5mm² 蓝色
13	DT6.5(ϕ3 叉型端子)	CPU226 I1.3(管型端子)	0.5mm² 蓝色
14	DT6.6(ϕ3 叉型端子)	接线排 0V(管型端子)	0.5mm² 白色

续表

序号	起始端位置	结束端位置	线　　型
15	DT7.1(φ3 叉型端子)	CPU226 Q0.0(管型端子)	0.5mm² 蓝色
16	DT7.2(φ3 叉型端子)	CPU226 Q0.1(管型端子)	0.5mm² 蓝色
17	DT7.3(φ3 叉型端子)	CPU226 Q0.2(管型端子)	0.5mm² 蓝色
18	DT7.4(φ3 叉型端子)	CPU226 Q0.3(管型端子)	0.5mm² 蓝色
19	DT7.5(φ3 叉型端子)	CPU226 Q0.4(管型端子)	0.5mm² 蓝色
20	DT7.6(φ3 叉型端子)	CPU226 Q0.5(管型端子)	0.5mm² 蓝色
21	DT7.7(φ3 叉型端子)	CPU226 Q0.6(管型端子)	0.5mm² 蓝色
22	DT7.8(φ3 叉型端子)	CPU226 Q0.7(管型端子)	0.5mm² 蓝色
23	DT7.9(φ3 叉型端子)	CPU226 Q1.0(管型端子)	0.5mm² 蓝色
24	DT7.10(φ3 叉型端子)	CPU226 Q1.1(管型端子)	0.5mm² 蓝色

1.1.2.4　光伏供电主电路

（1）光伏供电主电路电气原理

光伏供电由光伏供电装置和光伏供电系统完成，光伏供电主电路电气原理如图 1-9 所示。

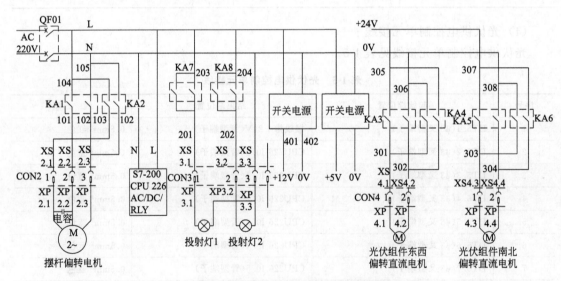

图 1-9　光伏供电主电路电气原理图

继电器 KA1 和继电器 KA2 将单相 AC220V 通过接插座 CON2 提供给摆杆偏转电动机，电动机旋转时，安装在摆杆上的投射灯由东向西方向或由西向东方向移动。摆杆偏转电动机是单相交流电动机，正、反转由继电器 KA1 和继电器 KA2 分别完成。

继电器 KA7 和继电器 KA8 将单相 AC220V 通过接插座 CON3 分别提供给投射灯 1 和投射灯 2。

光伏电池方阵分别向东偏转或向西偏转是由水平运动直流电动机控制,正、反转由继电器KA3和继电器KA4通过接插座CON4向直流电动机提供不同极性的直流24V电源,实现直流电动机的正、反转。光伏电池方阵分别向北偏转或向南偏转是由俯仰运动直流电动机控制,正、反转由继电器KA5和继电器KA6完成。

直流12V开关电源是提供给光线传感器控制盒中的继电器线圈使用。继电器KA1至继电器KA8的线圈使用+24V电源。

(2) 光伏供电主电路接线

光伏供电主电路接线见表1-6。

表1-6 光伏供电主电路接线

序号	起始端位置	结束端位置	线型
1	L(QF01、φ4叉型端子)	接线排L(管型端子)	1mm² 红色
2	N(QF01、φ4叉型端子)	接线排N(管型端子)	1mm² 黑色
3	101(φ3叉型端子)	接线排XT1.4(管型端子)	0.75mm² 蓝色
4	102(φ3叉型端子)	接线排XT1.5(管型端子)	0.75mm² 蓝色
5	103(φ3叉型端子)	接线排XT1.3(管型端子)	0.75mm² 蓝色
6	104(φ3叉型端子)	接线排L(管型端子)	0.75mm² 蓝色
7	105(φ3叉型端子)	接线排N(管型端子)	0.75mm² 蓝色
8	201(φ3叉型端子)	接线排XT1.6(管型端子)	1mm² 红色
9	202(φ3叉型端子)	接线排XT1.7(管型端子)	1mm² 红色
10	203(φ3叉型端子)	接线排L(管型端子)	1mm² 红色
11	204(φ3叉型端子)	接线排L(管型端子)	1mm² 红色
12	301(φ3叉型端子)	接线排XT1.8(管型端子)	0.5mm² 蓝色
13	302(φ3叉型端子)	接线排XT1.9(管型端子)	0.5mm² 蓝色
14	303(φ3叉型端子)	接线排XT1.10(管型端子)	0.5mm² 蓝色
15	304(φ3叉型端子)	接线排XT1.11(管型端子)	0.5mm² 蓝色
16	305(φ3叉型端子)	接线排+24V(管型端子)	0.5mm² 红色
17	306(φ3叉型端子)	接线排0V(管型端子)	0.5mm² 白色
18	307(φ3叉型端子)	接线排+24V(管型端子)	0.5mm² 红色
19	308(φ3叉型端子)	接线排0V(管型端子)	0.5mm² 白色
20	401(φ3叉型端子)	接线排+12V(管型端子)	0.5mm² 红色
21	402(φ3叉型端子)	接线排0V(管型端子)	0.5mm² 白色

1.1.2.5 西门子S7-200 CPU226

(1) S7-200 CPU226 输入输出接口

光伏供电系统使用西门子S7-200 CPU226作为光伏供电装置工作的控制器,该PLC有24个输入、16个继电器输出,输入输出的接口如图1-10所示。

(2) S7-200 CPU226 输入输出配置

S7-200 CPU226 输入输出配置见表1-7。

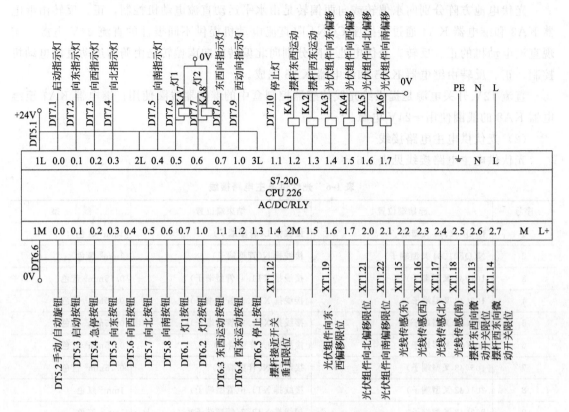

图 1-10 S7-200 CPU226 输入输出接口

表 1-7 S7-200 CPU226 输入输出配置

序号	输入输出	配置	序号	输入输出	配置
1	I0.0	旋转开关自动挡	23	I2.6	摆杆东向限位开关
2	I0.1	启动按钮	24	I2.7	摆杆西东向限位开关
3	I0.2	急停按钮	25	Q0.0	启动按钮指示灯
4	I0.3	向东按钮	26	Q0.1	向东按钮指示灯
5	I0.4	向西按钮	27	Q0.2	向西按钮指示灯
6	I0.5	向北按钮	28	Q0.3	向北按钮指示灯
7	I0.6	向南按钮	29	Q0.4	向南按钮指示灯
8	I0.7	灯1按钮	30	Q0.5	灯1按钮指示灯、KA7线圈
9	I1.0	灯2按钮	31	Q0.6	灯2按钮指示灯、KA8线圈
10	I1.1	东西按钮	32	Q0.7	东西按钮指示灯
11	I1.2	西东按钮	33	Q1.0	西东按钮指示灯
12	I1.3	停止按钮	34	Q1.1	停止按钮指示灯
13	I1.4	摆杆接近开关垂直位	35	Q1.2	继电器KA1线圈
14	I1.5	未定义	36	Q1.3	继电器KA2线圈
15	I1.6	光伏组件向东、向西限位开关	37	Q1.4	继电器KA3线圈
16	I1.7	未定义	38	Q1.5	继电器KA4线圈
17	I2.0	光伏组件向北限位开关	39	Q1.6	继电器KA5线圈
18	I2.1	光伏组件向南限位开关	40	Q1.7	继电器KA6线圈
19	I2.2	光线传感器(光伏组件)向东信号	41	1M	0V
20	I2.3	光线传感器(光伏组件)向西信号	42	2M	0V
21	I2.4	光线传感器(光伏组件)向北信号	43	1L	DC24V
22	I2.5	光线传感器(光伏组件)向南信号	44	2L	DC24V

（3）S7-200 CPU226 输入输出接线

S7-200 CPU226 输入输出接线见表 1-8。

表 1-8　S7-200 CPU226 输入输出接线

序号	起始端位置	结束端位置	线　型
1	L(管型端子)	接线排 L(管型端子)	0.75mm² 红色
2	N(管型端子)	接线排 N(管型端子)	0.75mm² 黑色
3	GND(管型端子)	接线排 PE(管型端子)	0.75mm² 黄绿色
4	1M(管型端子)	接线排 0V(管型端子)	0.5mm² 白色
5	2M(管型端子)	接线排 0V(管型端子)	0.5mm² 白色
6	1L(管型端子)	接线排+24V(管型端子)	0.5mm² 红色
7	2L(管型端子)	接线排+24V(管型端子)	0.5mm² 红色
8	3L(管型端子)	接线排+24V(管型端子)	0.5mm² 红色
9	I0.0(管型端子)	DT5.2(管型端子)	0.5mm² 蓝色
10	I0.1(管型端子)	DT5.3(管型端子)	0.5mm² 蓝色
11	I0.2(管型端子)	DT5.4(管型端子)	0.5mm² 蓝色
12	I0.3(管型端子)	DT5.5(φ3 叉型端子)	0.5mm² 蓝色
13	I0.4(管型端子)	DT5.6(φ3 叉型端子)	0.5mm² 蓝色
14	I0.5(管型端子)	DT5.7(φ3 叉型端子)	0.5mm² 蓝色
15	I0.6(管型端子)	DT5.8(φ3 叉型端子)	0.5mm² 蓝色
16	I0.7(管型端子)	DT6.1(φ3 叉型端子)	0.5mm² 蓝色
17	I1.0(管型端子)	DT6.2(φ3 叉型端子)	0.5mm² 蓝色
18	I1.1(管型端子)	DT6.3(φ3 叉型端子)	0.5mm² 蓝色
19	I1.2(管型端子)	DT6.4(φ3 叉型端子)	0.5mm² 蓝色
20	I1.3(管型端子)	DT6.5(φ3 叉型端子)	0.5mm² 蓝色
21	I1.4(管型端子)	XT1.12(管型端子)	0.5mm² 蓝色
22	I1.5 未定义		
23	I1.6(管型端子)	XT1.19(管型端子)	0.5mm² 蓝色
24	I1.7 未定义		
25	I2.0(管型端子)	XT1.21(管型端子)	0.5mm² 蓝色
26	I2.1(管型端子)	XT1.22(管型端子)	0.5mm² 蓝色
27	I2.2(管型端子)	XT1.15(管型端子)	0.5mm² 蓝色
28	I2.3(管型端子)	XT1.16(管型端子)	0.5mm² 蓝色
29	I2.4(管型端子)	XT1.17(管型端子)	0.5mm² 蓝色
30	I2.5(管型端子)	XT1.18(管型端子)	0.5mm² 蓝色
31	I2.6(管型端子)	XT1.13(管型端子)	0.5mm² 蓝色
32	I2.7(管型端子)	XT1.14(管型端子)	0.5mm² 蓝色
33	Q0.0(管型端子)	DT7.1(φ3 叉型端子)	0.5mm² 蓝色
34	Q0.1(管型端子)	DT7.2(φ3 叉型端子)	0.5mm² 蓝色
35	Q0.2(管型端子)	DT7.3(φ3 叉型端子)	0.5mm² 蓝色

续表

序号	起始端位置	结束端位置	线　型
36	Q0.3(管型端子)	DT7.4(ϕ3 叉型端子)	0.5mm² 蓝色
37	Q0.4(管型端子)	DT7.5(ϕ3 叉型端子)	0.5mm² 蓝色
38	Q0.5(管型端子)	DT7.6(ϕ3 叉型端子)	0.5mm² 蓝色
39	Q0.6(管型端子)	DT7.7(ϕ3 叉型端子)	0.5mm² 蓝色
40	Q0.7(管型端子)	DT7.8(ϕ3 叉型端子)	0.5mm² 蓝色
41	Q1.0(管型端子)	DT7.9(ϕ3 叉型端子)	0.5mm² 蓝色
42	Q1.1(管型端子)	DT7.10(ϕ3 叉型端子)	0.5mm² 蓝色
43	Q1.2(管型端子)	KA1(KA1 线圈 ϕ3 叉型端子)	0.5mm² 蓝色
44	Q1.3(管型端子)	KA2(KA2 线圈 ϕ3 叉型端子)	0.5mm² 蓝色
45	Q1.4(管型端子)	KA3(KA3 线圈 ϕ3 叉型端子)	0.5mm² 蓝色
46	Q1.5(管型端子)	KA4(KA4 线圈 ϕ3 叉型端子)	0.5mm² 蓝色
47	Q1.6(管型端子)	KA5(KA5 线圈 ϕ3 叉型端子)	0.5mm² 蓝色
48	Q1.7(管型端子)	KA6(KA6 线圈 ϕ3 叉型端子)	0.5mm² 蓝色

1.1.2.6　DSP 控制单元和接口单元

DSP 控制单元和接口单元用于采集光伏组件输出信息和蓄电池工作状态信息，实现对蓄电池组的充、放电过程。

（1）DSP 控制单元

DSP 控制单元接线端示意图和 PCB 板图如图 1-11 所示，DSP 控制单元接线端口如表 1-9 所示。

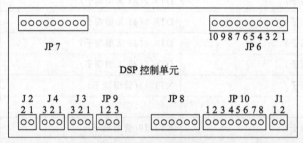

(a) DSP 控制单元接线端示意图

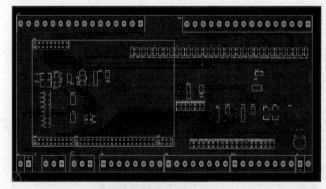

(b) DSP 控制单元PCB板图

图 1-11　DSP 控制单元

表 1-9　DSP 控制单元接线端口

接线端	接线端端口	用　途	标号	线　型
J1	1	接 DC5V 电源	+5V	0.5mm² 红色
	2		0V	0.5mm² 白色
J3	1	与监控一体机通信	C1A	芯屏蔽电缆
	2		C1B	芯屏蔽电缆
	3		C1G	芯屏蔽电缆
J4	1	与触摸屏通信	S1R	芯屏蔽电缆
	2		S1T	芯屏蔽电缆
	3		S1G	芯屏蔽电缆
JP6	1	接信号接口板 J5-1 蓄电池电压	AD0	0.5mm² 蓝色
	3	接信号接口板 J6-1 光伏电池组件电压	AD1	0.5mm² 蓝色
	5	接信号接口板 J5-2 蓄电池电流	AD2	0.5mm² 蓝色
	7	接信号接口板 J6-2 光伏电池组件电流	AD3	0.5mm² 蓝色
JP9	1	接信号接口板 J6-3 充电继电器	OUT1	0.5mm² 蓝色
	3	接蓄电池欠电压控制继电器	OUT3	0.5mm² 蓝色
JP10	2	检测蓄电池实际充电波形	PWM0	0.5mm² 蓝色
	4	模拟蓄电池充电波形检测	PWM1	0.5mm² 蓝色

（2）接口单元

接口单元接线端示意图和 PCB 板图如图 1-12 所示，接口单元接线端口如表 1-10 所示。

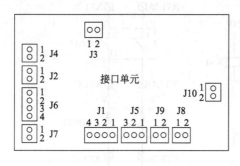

(a) 接口单元接线端示意图

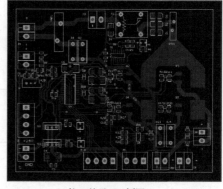

(b) 接口单元PCB板图

图 1-12　接口单元

表 1-10　接口单元接线端口

接线端	接线端端口	用　途	标号	线　型
J1	1	蓄电池充电信号	PWM0	0.5mm² 蓝色
J3	1	短接	J3-1	0.5mm² 蓝色
	2		J3-2	0.5mm² 蓝色
J4	1	光伏电池组件输出电压	U+	0.5mm² 红色
	2		U−	0.5mm² 白色

续表

接线端	接线端端口	用 途	标号	线 型
J5	1	蓄电池电压输出信号	AD0	0.5mm² 蓝色
	2	蓄电池电流输出信号	AD2	0.5mm² 蓝色
J6	1	光伏电池组件输出电压信号	AD1	0.5mm² 蓝色
	2	光伏电池组件输出电流信号	AD3	0.5mm² 蓝色
	3	控制充电继电器信号	OUT1	0.5mm² 蓝色
J7	1	输入DC24V电源	+24V	0.5mm² 红色
	2		0V	0.5mm² 白色
J9	1	短接	J9-1	0.5mm² 蓝色
	2		J9-2	0.5mm² 蓝色
J10	1	蓄电池(+)输入	XDC+	0.5mm² 红色
	2	蓄电池(-)输入	XDC-	0.5mm² 白色

1.1.2.7 触摸屏、蓄电池组、可调电阻和接插座

(1) 触摸屏

触摸屏用于显示光伏组件输出信息、蓄电池工作状态信息。

(2) 蓄电池组

蓄电池组选用2节阀控密封式铅酸蓄电池。

蓄电池组主要参数

容量：12V 18A·h/20h

重量：1.9kg

尺寸：345mm×195mm×20mm

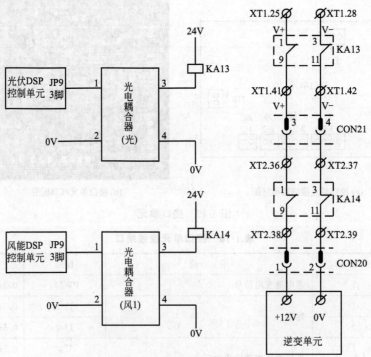

图 1-13 蓄电池的放电保护电路

蓄电池的充电过程及充电保护由DSP控制单元、接口单元及程序完成,蓄电池的放电保护由DSP控制单元、接口单元、光耦隔离开关及继电器KA13完成,保护电路如图1-13所示。当蓄电池放电电压低于规定值时,DSP控制单元输出信号驱动光耦隔离开关及继电器KA13工作,继电器KA13常闭触点断开,切断蓄电池的放电回路。

(3) 可调电阻

可调电阻的阻值为1000Ω,功率为100W。主要作为光伏电池的负载,用于检测光伏电池的非线性输出特性。光伏电池的非线性输出特性检测电气原理图如图1-14所示,相关接线见表1-11。

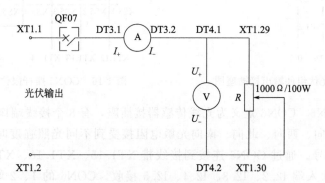

图1-14 光伏电池的非线性输出特性检测电气原理图

表1-11 光伏电池的非线性输出特性检测电路接线

序号	起始端位置	结束端位置	线 型
1	XT1.1(光伏电池方阵输出U_+,管型端子)	QF07输入(φ4叉型端子)	0.75mm² 红色
2	DT3.1(电流表I_+,φ3叉型端子)	QF07输出(φ4叉型端子)	0.75mm² 红色
3	DT3.2(电流表I_-,φ3叉型端子)	DT4.1(电压表U_+,φ3叉型端子)	0.75mm² 红色
4	DT4.1(电压表U_+,φ3叉型端子)	XT1.29(可调电阻,φ4圆型端子)	0.75mm² 白色
5	XT1.2(光伏电池方阵输出U_-,管型端子)	DT4.2(电压表U_-,φ3叉型端子)	0.75mm² 红色
6	DT4.2(电压表U_-,φ3叉型端子)	XT1.30(可调电阻,φ4圆型端子)	0.75mm² 白色

(4) 接插座

光伏供电装置和光伏供电系统之间的电气连接是由接插座完成。

① 接插座CON1 CON1定义为光伏组件输出接插座,有2个接线端口。4块光伏电池组件并联,通过CON1输出到光伏供电系统接线排的XT1.1和XT1.2端口。如图1-15所示。

② 接插座CON2、CON3和CON4 CON2有3个接线端口,接插座CON3有4个接线端口,接插座CON4有5个接线端口。接插座CON2、CON3和CON4的作用已在光伏供电主电路中做了介绍。

③ 接插座CON5 CON5定义为摆杆限位接插座,有7个接线端口,如图1-16所示。垂直限位接近开关是用于提供摆杆的垂直位置的信号,通过CON5连接到光伏供电系统接线排的XT1.12端口。东西向微动开关和西东向微动开关用于保护,提供摆杆的东、西限位的位置信号,通过CON5连接到光伏供电系统接线排的XT1.13和XT1.14端口。

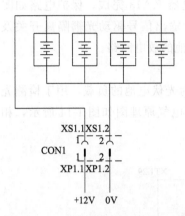

图 1-15 CON1 光伏组件输出接插座图

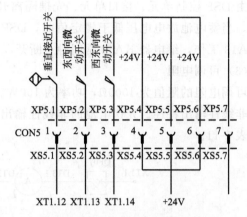

图 1-16 CON5 摆杆限位接插座图

④ 接插座 CON6　CON6 定义为光线传感器接插座，有 8 个接线端口，如图 1-17 所示。光线传感器中的东向、西向、北向、南向光敏电阻接受到不同光照强度时，分别产生"高"或"低"的开关信号。通过 CON6 连接到接线排 XT1.15、XT1.16、XT1.17、XT1.18 端口，分别被 PLC 输入端 I2.2、I2.3、I2.4、I2.5 接收。CON6 的 1、2 端口连接到接线排 +12V 电源，供给光线传感器控制盒中的继电器线圈。

⑤ 接插座 CON7　CON7 定义为光伏组件偏转限位接插座，有 6 个接线端口，如图 1-18 所示。东、西向限位接近开关、北向限位微动开关、南向限位微动开关安装在光伏供电装置的水平和俯仰方向运动机构中，用于光伏电池方阵的偏移限位，通过 CON7 与接线排 XT1.19、XT1.21、XT1.22 端口连接，分别被 PLC 输入端 I1.6、I2.0、I2.1 接收。

1.1.2.8 接线排

(1) 接线排 XT1 的端口定义

光伏供电系统接线排 XT1 的端口定义如图 1-19 所示。

(2) 接线排 XT1 与光伏供电系统的接线

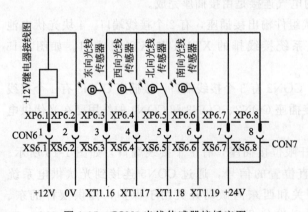

图 1-17 CON6 光线传感器接插座图

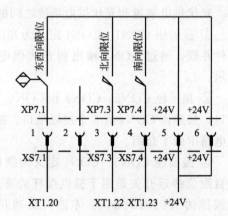

图 1-18 CON7 光伏组件偏转限位接插座图

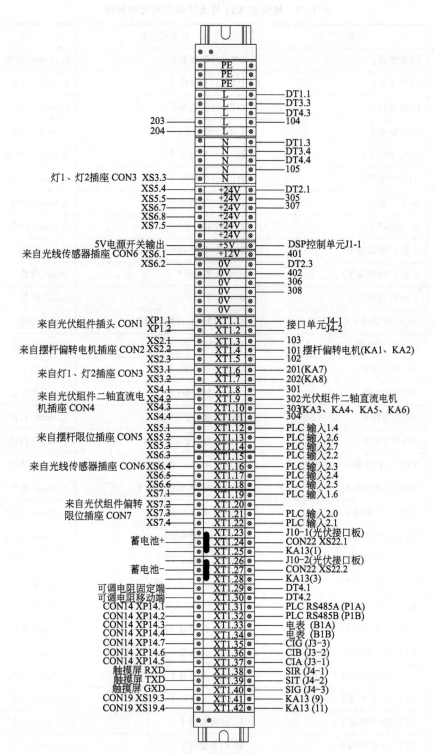

图 1-19　光伏供电系统接线排 XT1 端口定义图

接线排 XT1 与光伏供电系统的接线见表 1-12。

表 1-12　接线排 XT1 与光伏供电系统的接线

序号	起始端位置	结束端位置	线　　型
1	L(管型端子)	DT1.1(管型端子)	0.75mm² 红色
2	L(管型端子)	DT3.3(管型端子)	0.5mm² 红色
3	L(管型端子)	DT4.3(管型端子)	0.5mm² 红色
4	L(管型端子)	104(管型端子)	0.5mm² 红色
5	N(管型端子)	DT1.3(管型端子)	0.75mm² 黑色
6	N(管型端子)	DT3.4(管型端子)	0.5mm² 黑色
7	N(管型端子)	DT4.4(管型端子)	0.5mm² 黑色
8	N(管型端子)	105(管型端子)	0.5mm² 黑色
9	+24V(管型端子)	DT2.1(管型端子)	1mm² 红色
10	+24V(管型端子)	305(管型端子)	1mm² 红色
11	+24V(管型端子)	307(管型端子)	1mm² 红色
12	+5V(管型端子)	DSP 控制 J1-1(管型端子)	1mm² 红色
13	+12V(管型端子)	401(管型端子)	0.5mm² 红色
14	0V(管型端子)	DT2.3(管型端子)	1mm² 白色
15	0V(管型端子)	402(管型端子)	0.5mm² 白色
16	0V(管型端子)	306(管型端子)	0.5mm² 白色
17	0V(管型端子)	308(管型端子)	0.5mm² 白色
18	XT1.1(管型端子)	接口单元 J4-1(管型端子)	0.5mm² 蓝色
19	XT1.2(管型端子)	接口单元 J4-2(管型端子)	0.5mm² 蓝色
20	XT1.3(管型端子)	103(φ3 叉型端子)	0.75mm² 蓝色
21	XT1.4(管型端子)	101(φ3 叉型端子)	0.75mm² 蓝色
22	XT1.5(管型端子)	102(φ3 叉型端子)	0.75mm² 蓝色
23	XT1.6(管型端子)	201(KA7、φ3 叉型端子)	1mm² 蓝色
24	XT1.7(管型端子)	202(KA8、φ3 叉型端子)	1mm² 蓝色
25	XT1.8(管型端子)	301(φ3 叉型端子)	0.5mm² 蓝色
26	XT1.9(管型端子)	302(φ3 叉型端子)	0.5mm² 蓝色
27	XT1.10(管型端子)	303(φ3 叉型端子)	0.5mm² 蓝色
28	XT1.11(管型端子)	304(φ3 叉型端子)	0.5mm² 蓝色
29	XT1.12(管型端子)	I1.4(管型端子)	0.5mm² 蓝色
30	XT1.13(管型端子)	I2.6(管型端子)	0.5mm² 蓝色
31	XT1.14(管型端子)	I2.7(管型端子)	0.5mm² 蓝色
32	XT1.15(管型端子)	I2.2(管型端子)	0.5mm² 蓝色

续表

序号	起始端位置	结束端位置	线 型
33	XT1.16(管型端子)	I2.3(管型端子)	0.5mm² 蓝色
34	XT1.17(管型端子)	I2.4(管型端子)	0.5mm² 蓝色
35	XT1.18(管型端子)	I2.5(管型端子)	0.5mm² 蓝色
36	XT1.19(管型端子)	I1.6(管型端子)	0.5mm² 蓝色
37	XT1.21(管型端子)	I2.0(管型端子)	0.5mm² 蓝色
38	XT1.22(管型端子)	I2.1(管型端子)	0.5mm² 蓝色
39	XT1.23(管型端子)	接口单元 J10-1(管型端子)	0.5mm² 蓝色
40	XT1.24(管型端子)	XS22.1(管型端子)	0.5mm² 蓝色
41	XT1.25(管型端子)	KA13(1)(φ3 叉型端子)	0.5mm² 蓝色
42	XT1.26(管型端子)	接口单元 J10-2(管型端子)	0.5mm² 蓝色
43	XT1.27(管型端子)	XS22.2(管型端子)	0.5mm² 蓝色
44	XT1.28(管型端子)	KA13(3)(管型端子)	0.5mm² 蓝色
45	XT1.29(管型端子)	DT4.1(φ3 叉型端子)	0.5mm² 蓝色
46	XT1.30(管型端子)	DT4.2(φ3 叉型端子)	0.5mm² 蓝色
47	XT1.31(管型端子)	PLC RS485A	屏蔽电缆
48	XT1.32(管型端子)	PLC RS485	屏蔽电缆
49	XT1.33(管型端子)	电表(B1A)(φ3 叉型端子)	屏蔽电缆
50	XT1.34(管型端子)	电表(B1B)(φ3 叉型端子)	屏蔽电缆
51	XT1.41(管型端子)	KA13(9)(φ3 叉型端子)	0.5mm² 蓝色
52	XT1.42(管型端子)	KA13(11)(φ3 叉型端子)	0.5mm² 蓝色

(3) 接线排 XT1 与接插座的接线

接线排 XT1 与接插座的接线见表 1-13。

表 1-13 接线排 XT1 与接插座的接线

序号	起始端位置	结束端位置	线 型
1	XT1.1(管型端子)	XP1.1(CON1 插头、管型端子)	0.5mm² 蓝色
2	XT1.2(管型端子)	XP1.2(CON1 插头、管型端子)	0.5mm² 蓝色
3	XT1.3(管型端子)	XS2.1(CON2 插座、管型端子)	0.75mm² 蓝色
4	XT1.4(管型端子)	XS2.2(CON2 插座、管型端子)	0.75mm² 蓝色
5	XT1.5(管型端子)	XS2.3(CON2 插座、管型端子)	0.75mm² 蓝色
6	XT1.6(管型端子)	XS3.1(CON3 插座、管型端子)	1mm² 蓝色
7	XT1.7(管型端子)	XS3.2(CON3 插座、管型端子)	1mm² 蓝色
8	N(管型端子)	XS3.3(CON3 插座、管型端子)	1mm² 黑色

续表

序号	起始端位置	结束端位置	线　型
9	XT1.8(管型端子)	XS4.1(CON4 插座、管型端子)	0.5mm² 蓝色
10	XT1.9(管型端子)	XS4.2(CON4 插座、管型端子)	0.5mm² 蓝色
11	XT1.10(管型端子)	XS4.3(CON4 插座、管型端子)	0.5mm² 蓝色
12	XT1.11(管型端子)	XS4.4(CON4 插座、管型端子)	0.5mm² 蓝色
13	XT1.12(管型端子)	XS5.1(CON5 插座、管型端子)	0.5mm² 蓝色
14	XT1.13(管型端子)	XS5.2(CON5 插座、管型端子)	0.5mm² 蓝色
15	XT1.14(管型端子)	XS5.3(CON5 插座、管型端子)	0.5mm² 蓝色
16	+24V(管型端子)	XS5.4(CON5 插座、管型端子)	0.5mm² 蓝色
17	+24V(管型端子)	XS5.5(CON5 插座、管型端子)	0.5mm² 蓝色
18	XT1.15(管型端子)	XS6.3(CON6 插座、管型端子)	0.5mm² 蓝色
19	XT1.16(管型端子)	XS6.4(CON6 插座、管型端子)	0.5mm² 蓝色
20	XT1.17(管型端子)	XS6.5(CON6 插座、管型端子)	0.5mm² 蓝色
21	XT1.18(管型端子)	XS6.6(CON6 插座、管型端子)	0.5mm² 蓝色
22	+24V(管型端子)	XS6.7(CON6 插座、管型端子)	0.5mm² 蓝色
23	+24V(管型端子)	XS6.8(CON6 插座、管型端子)	0.5mm² 蓝色
24	+12V(管型端子)	XS6.1(CON6 插座、管型端子)	0.5mm² 蓝色
25	0V(管型端子)	XS6.2(CON6 插座、管型端子)	0.5mm² 蓝色
26	XT1.19(管型端子)	XS7.1(CON7 插座、管型端子)	0.5mm² 蓝色
27	XT1.20(管型端子)	XS7.2(CON7 插座、管型端子)	0.5mm² 蓝色
28	XT1.21(管型端子)	XS7.3(CON7 插座、管型端子)	0.5mm² 蓝色
29	XT1.22(管型端子)	XS7.4(CON7 插座、管型端子)	0.5mm² 蓝色
30	+24V(管型端子)	XS7.5(CON7 插座、管型端子)	0.5mm² 蓝色
31	XT1.24(管型端子)	XS22.1(CON22 插座、管型端子)	屏蔽电缆
32	XT1.27(管型端子)	XS22.2(CON22 插座、管型端子)	屏蔽电缆
33	XT1.31(管型端子)	XP14.1(CON14 插座、管型端子)	屏蔽电缆
34	XT1.32(管型端子)	XP14.2(CON14 插座、管型端子)	屏蔽电缆
35	XT1.33(管型端子)	XP14.3(CON14 插座、管型端子)	屏蔽电缆
36	XT1.34(管型端子)	XP14.4(CON14 插座、管型端子)	屏蔽电缆
37	XT1.35(管型端子)	XP14.7(CON14 插座、管型端子)	屏蔽电缆
38	XT1.36(管型端子)	XP14.6(CON14 插座、管型端子)	屏蔽电缆
39	XT1.37(管型端子)	XP14.5(CON14 插座、管型端子)	屏蔽电缆
40	XT1.41(管型端子)	XS19.3(CON19 插座、管型端子)	屏蔽电缆
41	XT1.42(管型端子)	XS19.4(CON19 插座、管型端子)	屏蔽电缆

1.2 风力供电装置和风力供电系统

1.2.1 风力供电装置

(1) 风力供电装置的组成

风力供电装置主要由叶片、轮毂、发电机、机舱、尾舵、侧风偏航机械传动机构、直流电动机、塔架和基础、测速仪、测速仪支架、轴流风机、轴流风机支架、轴流风机框罩、单相交流电动机、电容器、风场运动机构箱、护栏、连杆、滚轮、万向轮、微动开关和接近开关等设备与器件组成，如图 1-20 所示。

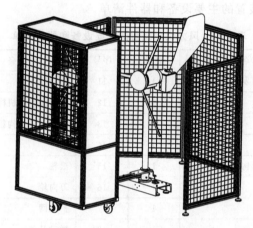

图 1-20 风力供电装置

叶片、轮毂、发电机、机舱、尾舵和侧风偏航机械传动机构组装成水平轴永磁同步风力发电机，安装在塔架上。风场由轴流风机、轴流风机支架、轴流风机框罩、测速仪、测速仪支架、风场运动机构箱体、传动齿轮链机构、单相交流电动机、滚轮和万向轮等组成。轴流风机和轴流风机框罩安装在风场运动机构箱体上部，传动齿轮链机构、单相交流电动机、滚轮和万向轮组成风场运动机构。当风场运动机构中的单相交流电动机旋转时，传动齿轮链机构带动滚轮转动，风场运动机构箱体围绕风力发电机的塔架作圆周旋转运动。当轴流风机输送可变风量风时，在风力发电机周围形成风向和风速可变的风场。

在可变风场中，风力发电机利用尾舵实现被动偏航迎风，使风力发电机输出最大电能。测速仪检测风场的风量，当风场的风量超过安全值时，侧风偏航机械传动机构动作，使尾舵侧风 45°，风力发电机叶片转速变慢。当风场的风量过大时，尾舵侧风 90°，风力发电机处于制动状态。

(2) 部分设备（器件）主要参数

① 水平轴永磁同步风力发电机主要参数

输出功率：300W

叶片直径：120mm

叶片数量：3

启动风速：1.5m/s

输出（整流）电压：＞＋12V

② 测速仪主要参数

输出：0～5V

③ 轴流风机主要参数

电源：3ϕAC220V

额定功率：370W

④ 单相交流电动机主要参数

额定功率：90W

（3）风力供电装置的主要设备和器件清单

表1-14是风力供电装置的主要设备和器件清单。

表1-14 风力供电装置的主要设备和器件清单

序号	设备（器件）名称	数量	序号	设备（器件）名称	数量
1	水平轴永磁同步风力发电机	1	11	电容器	1
2	塔架和基础	1	12	传动齿轮链机构	1
3	测速仪	1	13	风场运动机构箱体	1
4	测速仪支架	1	14	连杆	1
5	侧风偏航机械传动机构	1	15	滚轮	1
6	直流电动机	1	16	万向轮	2
7	轴流风机	1	17	护栏网	1
8	轴流风机支架	1	18	微动开关	4
9	轴流风机框罩	1	19	接近开关	1
10	单相交流电动机	1			

1.2.2 风力供电系统

风力供电系统主要由风电电源控制单元、风电输出显示单元、触摸屏、风力供电控制单元、DSP控制单元、接口单元、西门子S7-200PLC、变频器、继电器组、接线排、可调电阻、断路器、网孔架等组成，如图1-21所示。

1.2.2.1 风电电源控制单元

（1）风电电源控制单元面板

风电电源控制单元面板如图1-22所示。风电电源控制单元主要由断路器、＋24V开关电源插座、AC220V电源插座、指示灯、接线端DT8和DT9等组成。

接线端子DT8.1、DT8.2和DT8.3、DT8.4分别接入AC220V的L和N。接线端子DT9.1、DT9.2和DT9.3、DT9.4分别输出＋24V和0V。风电电源控制单元的电气原理图和光伏电源控制单元的电气原理图相同。

（2）风电电源控制单元接线

风电电源控制单元接线见表1-15。

第1章 KNT-WP01型风光互补发电实训系统

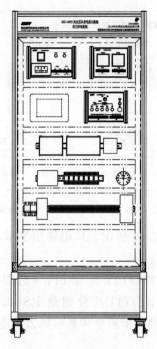

图 1-21 风力供电系统

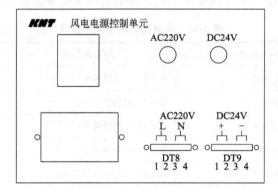

图 1-22 风电电源控制单元面板

表 1-15 风电电源控制单元接线

序号	起始端位置	结束端位置	线 型
1	DT8.1、DT8.2($\phi 3$ 叉型端子)	接线排 L(管型端子)	0.75mm² 红色
2	DT8.3、DT8.4($\phi 3$ 叉型端子)	接线排 N(管型端子)	0.75mm² 黑色
3	DT9.1、DT9.2($\phi 3$ 叉型端子)	接线排+24V(管型端子)	0.75mm² 红色
4	DT9.3、DT9.4($\phi 3$ 叉型端子)	接线排 0V(管型端子)	0.75mm² 白色

1.2.2.2 风电输出显示单元

(1) 风电输出显示单元面板

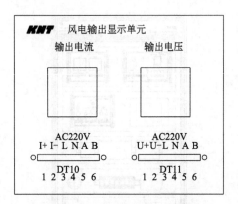

图 1-23 风电输出显示单元面板

风电输出显示单元面板如图 1-23 所示。风电输出显示单元主要由直流电流表、直流电压表、接线端 DT3 和 DT4 等组成。

接线端子 DT10.3、DT10.4 和 DT11.3、DT11.4 分别接入 AC220V 的 L 和 N。接线端子 DT10.5、DT10.6 和 DT11.5、DT11.6 分别是 RS485 通信端口。接线端子 DT10.1、DT10.2 和 DT11.1、DT11.2 分别用于测量和显示风力发电机输出经过整流的直流电流和直流电压。

（2）风电输出显示单元接线

风电输出显示单元电气原理图见图 1-31，风电输出显示单元接线见表 1-16。

表 1-16 风电输出显示单元接线

序号	起始端位置	结束端位置	线型
1	DT10.3(ϕ3 叉型端子)	接线排 L(管型端子)	0.75mm^2 红色
2	DT10.4(ϕ3 叉型端子)	接线排 N(管型端子)	0.75mm^2 黑色
3	DT11.3(ϕ3 叉型端子)	接线排 L(管型端子)	0.75mm^2 红色
4	DT11.4(ϕ3 叉型端子)	接线排 N(管型端子)	0.75mm^2 黑色
5	DT10.1(ϕ3 叉型端子)	QF08 输出(ϕ4 叉型端子)	0.5mm^2 蓝色
6	DT10.2(ϕ3 叉型端子)	DT11.1(ϕ3 叉型端子)	0.5mm^2 蓝色
7	DT11.1(ϕ3 叉型端子)	XT2.18(ϕ3 叉型端子)	0.5mm^2 蓝色
8	DT11.2(ϕ3 叉型端子)	XT2.2(管型端子)	0.5mm^2 蓝色
9	DT10.5(ϕ3 叉型端子)	DT11.5(ϕ3 叉型端子)	0.5mm^2 蓝色
10	DT10.6(ϕ3 叉型端子)	DT11.6(ϕ3 叉型端子)	0.5mm^2 蓝色
11	DT11.5(ϕ3 叉型端子)	XT2.26(管型端子)	屏蔽电缆
12	DT11.6(ϕ3 叉型端子)	XT2.28(管型端子)	屏蔽电缆

1.2.2.3 风力供电控制单元

（1）风力供电控制单元组成

风力供电控制单元主要由选择开关、急停按钮、带灯按钮、接线端 DT12 和 DT13 等组

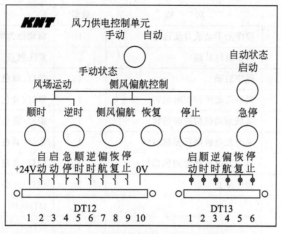

图 1-24 风力供电控制单元面板

成。风力供电控制单元面板如图 1-24 所示。

选择开关自动挡、启动按钮、顺时按钮、逆时按钮、侧风偏航按钮、恢复按钮、停止按钮均使用常开触点,分别接在接线端子的 DT12.2、DT12.3、DT12.5、DT12.6、DT12.7、DT12.8、DT12.9。急停按钮使用常闭触点,接在接线端子的 DT12.4。接线端子 DT12.1、DT12.10 接入 +24V 和 0V。接线端 DT13 有 6 个端口,分别接入相应按钮的指示灯。

(2) 风力供电控制单元电气原理图

风力供电控制单元的电气原理图如图 1-25 所示。

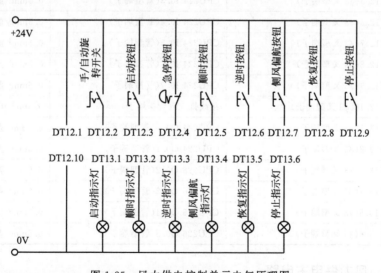

图 1-25 风力供电控制单元电气原理图

(3) 风力供电控制单元器件清单

风力供电控制单元器件清单见表 1-17。

表 1-17 风力供电控制单元器件清单

序号	器件名称	功 能	数量	备 注
1	选择开关	程序的手动或自动选择	1	自动挡为常开触点
2	急停按钮	用于急停处理	1	常闭触点
3	启动按钮	程序启动	1	带灯(绿色)按钮、常开触点
4	顺时按钮	风场运动机构顺时偏转	1	带灯(黄色)按钮、常开触点
5	逆时按钮	风场运动机构逆时偏转	1	带灯(黄色)按钮、常开触点
6	侧风偏航按钮	风力发电机侧风偏航启动	1	带灯(黄色)按钮、常开触点
7	恢复按钮	风力发电机解除侧风偏航	1	带灯(黄色)按钮、常开触点
8	停止按钮	程序停止	1	带灯(红色)按钮、常开触点
9	10位接线端子		1	DT-10P
10	6位接线端子		1	DT-6P

(4) 风力供电控制单元接线

风力供电控制单元接线见表 1-18。

表 1-18 风力供电控制单元接线

序号	起始端位置	结束端位置	线 型
1	DT12.1(φ3叉型端子)	接线排+24V(管型端子)	0.5mm² 红色
2	DT12.2(φ3叉型端子)	CPU224 I0.0(管型端子)	0.5mm² 蓝色
3	DT12.3(φ3叉型端子)	CPU224 I0.1(管型端子)	0.5mm² 蓝色
4	DT12.4(φ3叉型端子)	CPU224 I0.2(管型端子)	0.5mm² 蓝色
5	DT12.5(φ3叉型端子)	CPU224 I0.3(管型端子)	0.5mm² 蓝色
6	DT12.6(φ3叉型端子)	CPU224 I0.4(管型端子)	0.5mm² 蓝色
7	DT12.7(φ3叉型端子)	CPU224 I0.5(管型端子)	0.5mm² 蓝色
8	DT12.8(φ3叉型端子)	CPU224 I0.6(管型端子)	0.5mm² 蓝色
9	DT12.9(φ3叉型端子)	CPU224 I0.7(管型端子)	0.5mm² 蓝色
10	DT12.10(φ3叉型端子)	接线排 0V(管型端子)	0.5mm² 白色
11	DT13.1(φ3叉型端子)	CPU224 Q0.0(管型端子)	0.5mm² 蓝色
12	DT13.2(φ3叉型端子)	CPU224 Q0.1(管型端子)	0.5mm² 蓝色
13	DT13.3(φ3叉型端子)	CPU226 Q0.2(管型端子)	0.5mm² 蓝色
14	DT13.4(φ3叉型端子)	CPU226 Q0.3(管型端子)	0.5mm² 蓝色
15	DT13.5(φ3叉型端子)	CPU226 Q0.4(管型端子)	0.5mm² 蓝色
16	DT13.6(φ3叉型端子)	CPU226 Q0.5(管型端子)	0.5mm² 蓝色

1.2.2.4 风力供电主电路

(1) 风力供电主电路电气原理

风力供电由风力供电装置和风力供电系统完成。风力供电主电路电气原理如图 1-26 所示。

继电器 KA9 和继电器 KA10 将单相 AC220V 通过接插座 CON9 提供给风场运动机构的

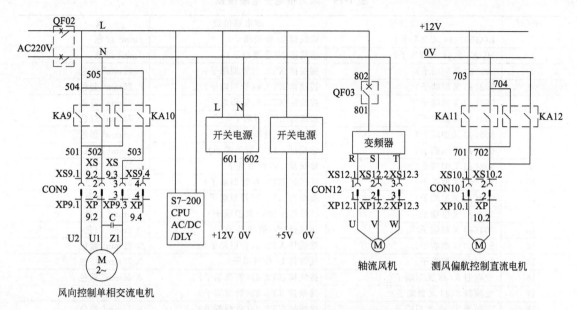

图 1-26 风力供电主电路电气原理图

单相交流电动机,单相交流电动机正、反转由继电器 KA9 和继电器 KA10 分别完成。

风力发电机的侧风偏航是由直流电动机控制,直流电动机的工作电压为+24V。继电器 KA11 和继电器 KA12 通过接插座 CON10 向直流电动机提供不同极性的直流电源,实现直流电动机的正、反转。

AC220V 电源通过开关 QF03 作为变频器的输入电源,接插座 CON12 将变频器输出的 3ϕAC220V 电源供给风场的轴流风机。

(2) 风速检测电路

当风场的风速过大达到预定值时,DSP 控制单元通过光电耦合器给 PLC 信号,控制风力发电机作侧风偏航运动。风速检测电路如图 1-27 所示。

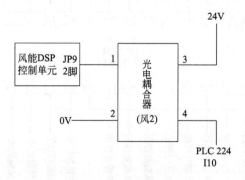

图 1-27 风速检测电路

(3) 风力供电主电路接线

风力供电主电路接线见表 1-19。

表 1-19 风力供电主电路接线

序号	起始端位置	结束端位置	线　型
1	L（QF02、φ4 叉型端子）	接线排 L（管型端子）	1mm² 红色
2	N（QF02、φ4 叉型端子）	接线排 N（管型端子）	1mm² 黑色
3	501（φ3 叉型端子）	接线排 XT2.3（管型端子）	0.75mm² 蓝色
4	502（φ3 叉型端子）	接线排 XT2.4（管型端子）	0.75mm² 蓝色
5	503（φ3 叉型端子）	接线排 XT2.5（管型端子）	0.75mm² 蓝色
6	504（φ3 叉型端子）	接线排 L（管型端子）	0.75mm² 红色
7	505（φ3 叉型端子）	接线排 N（管型端子）	0.75mm² 黑色
8	601（φ3 叉型端子）	接线排＋12V（管型端子）	0.5mm² 红色
9	602（φ3 叉型端子）	接线排 0V（管型端子）	0.5mm² 白色
10	701（φ3 叉型端子）	接线排 XT2.7（管型端子）	0.5mm² 蓝色
11	702（φ3 叉型端子）	接线排 XT2.8（管型端子）	0.5mm² 蓝色
12	703（φ3 叉型端子）	接线排＋12V（管型端子）	0.5mm² 红色
13	704（φ3 叉型端子）	接线排 0V（管型端子）	0.5mm² 白色
14	801（φ3 叉型端子）	接线排 XT2.6（管型端子）	0.75mm² 蓝色
15	802（φ3 叉型端子）	接线排 L（管型端子）	0.75mm² 红色
16	变频器 R（φ3 叉型端子）	接线排 XT2.21（管型端子）	0.75mm² 蓝色
17	变频器 S（φ3 叉型端子）	接线排 XT2.22（管型端子）	0.75mm² 蓝色
18	变频器 T（φ3 叉型端子）	接线排 XT2.23（管型端子）	0.75mm² 蓝色

1.2.2.5　西门子 S7-200 CPU224

（1）S7-200 CPU224 输入输出接口

风力供电系统使用了西门子 S7-200 CPU224，该 PLC 由 14 个输入、10 个继电器输出。S7-200 CPU224 的输入输出接口如图 1-28 所示。

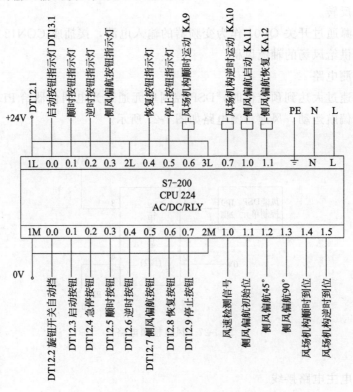

图 1-28　S7-200 CPU224 输入输出接口图

（2）S7-200 CPU224 输入输出配置

S7-200 CPU224 输入输出配置见表 1-20。

表 1-20　S7-200 CPU224 输入输出配置

序号	输入输出	配置	序号	输入输出	配置
1	I0.0	旋转开关自动挡	15	Q0.0	启动按钮指示灯
2	I0.1	启动按钮	16	Q0.1	顺时按钮指示灯
3	I0.2	急停按钮	17	Q0.2	逆时按钮指示灯
4	I0.3	顺时按钮	18	Q0.3	侧风偏航按钮指示灯
5	I0.4	逆时按钮	19	Q0.4	恢复按钮指示灯
6	I0.5	侧风偏航按钮	20	Q0.5	停止按钮指示灯
7	I0.6	恢复按钮	21	Q0.6	继电器 KA9 线圈
8	I0.7	停止按钮	22	Q0.7	继电器 KA10 线圈
9	I1.0	风速检测信号	23	Q1.0	继电器 KA11 线圈
10	I1.1	侧风偏航初始位开关	24	Q1.1	继电器 KA12 线圈
11	I1.2	侧风偏航 45°到位开关	25	1M	0V
12	I1.3	侧风偏航 90°到位开关	26	2M	0V
13	I1.4	风场机构顺时到位开关	27	1L	+24V
14	I1.5	风场机构逆时到位开关	28	2L	+24V

（3）S7-200 CPU224 接线

S7-200 CPU224 接线见表 1-21。

表 1-21　S7-200 CPU224 接线

序号	起始端位置	结束端位置	线型
1	L(管型端子)	接线排 L(管型端子)	0.75mm² 红色
2	N(管型端子)	接线排 N(管型端子)	0.75mm² 黑色
3	GND(管型端子)	接线排 PE(管型端子)	0.75mm² 黄绿色
4	1M(管型端子)	接线排 0V(管型端子)	0.5mm² 白色
5	2M(管型端子)	接线排 0V(管型端子)	0.5mm² 白色
6	1L(管型端子)	接线排+24V(管型端子)	0.5mm² 红色
7	2L(管型端子)	接线排+24V(管型端子)	0.5mm² 红色
8	3L(管型端子)	接线排+24V(管型端子)	0.5mm² 红色
9	I0.0(管型端子)	DT12.2(φ3 叉型端子)	0.5mm² 蓝色
10	I0.1(管型端子)	DT12.3(φ3 叉型端子)	0.5mm² 蓝色
11	I0.2(管型端子)	DT12.4(φ3 叉型端子)	0.5mm² 蓝色
12	I0.3(管型端子)	DT12.5(φ3 叉型端子)	0.5mm² 蓝色
13	I0.4(管型端子)	DT12.6(φ3 叉型端子)	0.5mm² 蓝色
14	I0.5(管型端子)	DT12.7(φ3 叉型端子)	0.5mm² 蓝色
15	I0.6(管型端子)	DT12.8(φ3 叉型端子)	0.5mm² 蓝色
16	I0.7(管型端子)	DT12.9(φ3 叉型端子)	0.5mm² 蓝色
17	I1.0(管型端子)	光电耦合器 4 脚(φ3 叉型端子)	0.5mm² 蓝色
18	I1.1(管型端子)	XT2.9(管型端子)	0.5mm² 蓝色

续表

序号	起始端位置	结束端位置	线　型
19	I1.2(管型端子)	XT2.10(管型端子)	0.5mm² 蓝色
20	I1.3(管型端子)	XT2.11(管型端子)	0.5mm² 蓝色
21	I1.4(管型端子)	XT2.14(管型端子)	0.5mm² 蓝色
22	I1.5(管型端子)	XT2.15(管型端子)	0.5mm² 蓝色
23	Q0.0(管型端子)	DT13.1(φ3 叉型端子)	0.5mm² 蓝色
24	Q0.1(管型端子)	DT13.2(φ3 叉型端子)	0.5mm² 蓝色
25	Q0.2(管型端子)	DT13.3(φ3 叉型端子)	0.5mm² 蓝色
26	Q0.3(管型端子)	DT13.4(φ3 叉型端子)	0.5mm² 蓝色
27	Q0.4(管型端子)	DT13.5(φ3 叉型端子)	0.5mm² 蓝色
28	Q0.5(管型端子)	DT13.6(φ3 叉型端子)	0.5mm² 蓝色
29	Q0.6(管型端子)	Q0.6(KA9 线圈 φ3 叉型端子)	0.5mm² 蓝色
30	Q0.7(管型端子)	Q0.7(KA10 线圈 φ3 叉型端子)	0.5mm² 蓝色
31	Q1.0(管型端子)	Q1.0(KA11 线圈 φ3 叉型端子)	0.5mm² 蓝色
32	Q1.1(管型端子)	Q1.1(KA12 线圈 φ3 叉型端子)	0.5mm² 蓝色

1.2.2.6　DSP 控制单元和接口单元

DSP 控制单元和接口单元用于采集风力发电机的输出信息和蓄电池工作状态信息，实现对蓄电池组的充、放电过程。

蓄电池的放电保护由 DSP 控制单元、接口单元、光耦隔离开关及继电器 KA14 完成，保护电路如图 1-13 所示。当蓄电池放电电压低于规定值时，DSP 控制单元输出信号驱动光

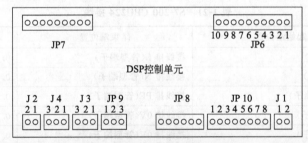

(a) DSP控制单元接线端示意图

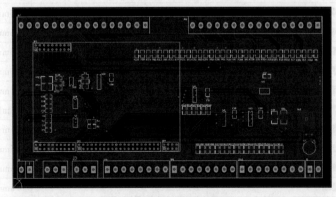

(b) DSP控制单元PCB板图

图 1-29　DSP 控制单元

耦隔离开关及继电器 KA14 工作，继电器 KA14 常闭触点断开，切断蓄电池的放电回路。

(1) DSP 控制单元

DSP 控制单元如图 1-29 所示，DSP 控制单元接线端口如表 1-22 所示。

表 1-22 DSP 控制单元接线端口

接线端	接线端端口	用途	标号	线 型
J1	1	接 DC5V 电源	+5V	0.5mm² 红色
	2		0V	0.5mm² 白色
J3	1	与监控一体机通信	C2A	2 芯屏蔽电缆
	2		C2B	2 芯屏蔽电缆
	3		C2G	2 芯屏蔽电缆
J4	1	与触摸屏通信	S2R	2 芯屏蔽电缆
	2		S2T	2 芯屏蔽电缆
	3		S2G	2 芯屏蔽电缆
JP6	1	接信号接口板 J5-1 蓄电池电压	AD0	0.5mm² 蓝色
	3	接信号接口板 J6-1 风力发电机输出电压	AD1	0.5mm² 蓝色
	5	接信号接口板 J5-2 蓄电池电流	AD2	0.5mm² 蓝色
	7	接信号接口板 J6-2 风力发电机输出电流	AD3	0.5mm² 蓝色
	9	风速仪输出信号	AD4	0.5mm² 蓝色
	10	风速仪输出信号	0V	0.5mm² 蓝色
JP9	1	接信号接口板 J6-3 充电继电器	OUT1	0.5mm² 蓝色
	2	接风速控制光电耦合器	OUT2	0.5mm² 蓝色
	3	接蓄电池欠电压控制继电器	OUT3	0.5mm² 蓝色
JP10	2	检测蓄电池实际充电波形	PWM0	0.5mm² 蓝色
	4	模拟蓄电池充电波形检测	PWM1	0.5mm² 蓝色

(2) 接口单元

接口单元如图 1-30 所示，接口单元接线端口如表 1-23 所示。

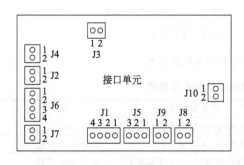

(a) 接口单元接线端示意图

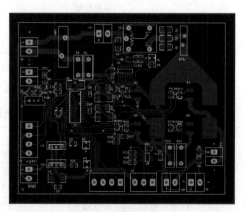

(b) 接口单元PCB板图

图 1-30 接口单元

表 1-23 接口单元接线端口

接线端	接线端端口	用途	标号	线型
J1	1	蓄电池充电	PWM0	0.5mm² 蓝色
J3	1	短接	J3-1	0.5mm² 蓝色
	2		J3-2	0.5mm² 蓝色
J4	1	风力发电机输出电压	U+	0.5mm² 红色
	2		U-	0.5mm² 白色
J5	1	蓄电池电压输出信号	AD0	0.5mm² 蓝色
	2	蓄电池电流输出信号	AD2	0.5mm² 蓝色
J6	1	风力发电机输出电压信号	AD1	0.5mm² 蓝色
	2	风力发电机输出电流信号	AD3	0.5mm² 蓝色
	3	控制充电继电器信号	OUT1	0.5mm² 蓝色
J7	1	输入DC24V电源	+24V	0.5mm² 红色
	2		0V	0.5mm² 白色
J9	1	短接	J9-1	0.5mm² 蓝色
	2		J9-2	0.5mm² 蓝色
J10	1	蓄电池(+)输入	XDC+	0.5mm² 红色
	2	蓄电池(-)输入	XDC-	0.5mm² 白色

1.2.2.7 触摸屏、可调电阻和接插座

（1）触摸屏

触摸屏用于显示风力发电机输出信息、风场的风量信息和蓄电池信息。

（2）可调电阻

可调电阻作为风力发电机的负载，检测风力发电机的输出特性。可调电阻的阻值为1000Ω，功率为100W。风力发电机的输出特性检测电气原理图如图1-31所示，相关接线见表1-24。

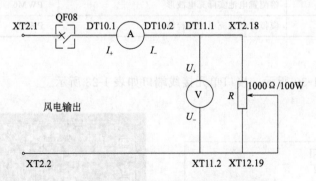

图 1-31 风力发电机输出特性检测电气原理图

表 1-24 风力发电机输出特性检测电路接线

序号	起始端位置	结束端位置	线型
1	XT2.1(风力发电机输出U_+,管型端子)	QF08 输入(ϕ4 叉型端子)	0.75mm² 红色
2	DT10.1(电流表I_+,ϕ3 叉型端子)	QF07 输出(ϕ4 叉型端子)	0.75mm² 红色
3	DT10.2(电流表I_-,ϕ3 叉型端子)	DT11.1(电压表U_+,ϕ3 叉型端子)	0.75mm² 红色
4	DT11.1(电压表U_+,ϕ3 叉型端子)	XT2.18(可调电阻,ϕ4 圆型端子)	0.75mm² 白色
5	XT2.2(风力发电机输出U_-,管型端子)	DT11.2(电压表U_-,ϕ3 叉型端子)	0.75mm² 红色
6	DT11.2(电压表U_-,ϕ3 叉型端子)	XT2.19(可调电阻,ϕ4 圆型端子)	0.75mm² 白色

(3) 接插座

风力供电装置和风力供电系统之间的电气连接是由接插座完成。

① 接插座 CON8　CON8 定义为风力发电机接插座，有 2 个接线端口。风力发电机输出通过 CON8 输送到风力供电系统接线排的 XT2.1 和 XT2.2 端口，如图 1-32 所示。

② 接插座 CON9 和 CON12　CON9 有 4 个接线端口，CON12 有 3 个接线端口。接插座 CON9 和 CON12 的作用在风力供电主电路中做了介绍。

③ 接插座 CON10　CON10 除了在风力供电主电路使用外，其主要功能是作为侧风偏航控制的电气连接。CON10 有 9 个接线端口，如图 1-33 所示。CON10 的 2、3 接线端口与风力供电系统接线排 XT2.7 和 XT2.8 相连接，CON10 的 4、5、6 接线端口分别与风力供电系统接线排 XT2.9、XT2.10、XT2.11 相连接，侧风偏航初始位信号、侧风偏航 45°位置信号、侧风偏航 90°位置信号分别被 PLC 的输入端口 I1.1、I1.2、I1.3 接收。

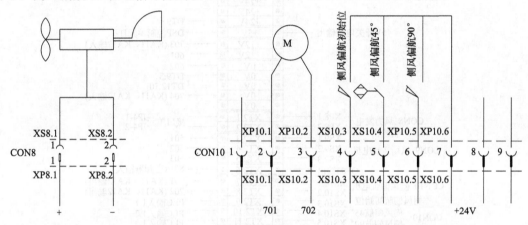

图 1-32　CON8 风力发电机接插座　　　图 1-33　CON10 侧风偏航控制接插座

④ 接插座 CON11　CON11 有 5 个接线端口，如图 1-34 所示，其主要功能是作为风场运动限位和风速仪信号检测的电气连接。CON11 的 3、4 接线端口分别与风力供电系统接线排 XT2.14、XT2.15 相连接，分别被 PLC 的输入端口 I1.4、I1.5 接收。

1.2.2.8　接线排

(1) 接线排 XT2 的端口定义

风力供电系统接线排 XT2 的端口定义如图 1-35 所示。

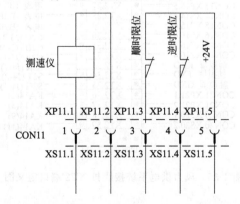

图 1-34　CON11 风场运动限位和风速仪信号检测接插座

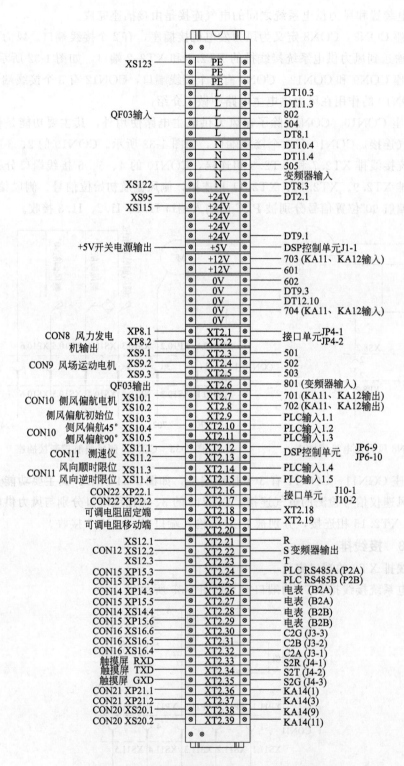

图 1-35 风力供电系统接线排 XT2 端口定义图

(2) 接线排 XT2 与风力供电系统的接线

接线排 XT2 与风力供电系统的接线见表 1-25。

表 1-25　接线排 XT2 与风力供电系统的接线

序号	起始端位置	结束端位置	线　　型
1	L(管型端子)	DT8.1(管型端子)	0.75mm^2 红色
2	L(管型端子)	DT10.3(管型端子)	0.5mm^2 红色
3	L(管型端子)	DT11.3(管型端子)	0.5mm^2 红色
4	L(管型端子)	504(管型端子)	0.75mm^2 红色
5	L(管型端子)	802(QF03 输入、φ4 叉型端子)	0.75mm^2 红色
6	N(管型端子)	DT8.3(管型端子)	0.75mm^2 黑色
7	N(管型端子)	DT10.4(管型端子)	0.5mm^2 黑色
8	N(管型端子)	DT11.4(管型端子)	0.5mm^2 黑色
9	N(管型端子)	505(管型端子)	0.5mm^2 黑色
10	+24V(管型端子)	DT12.1(管型端子)	0.5mm^2 红色
11	+24V(管型端子)	DT9.1(管型端子)	0.75mm^2 红色
12	+12V(管型端子)	601(管型端子)	0.5mm^2 红色
13	+12V(管型端子)	703(管型端子)	0.5mm^2 红色
14	+5V(管型端子)	J1-1 接口单元(管型端子)	0.5mm^2 红色
15	0V(管型端子)	602(管型端子)	0.5mm^2 白色
16	0V(管型端子)	704(管型端子)	0.5mm^2 白色
17	0V(管型端子)	DT9.3(管型端子)	0.75mm^2 白色
18	0V(管型端子)	DT12.10(管型端子)	0.5mm^2 白色
19	XT2.1(管型端子)	J4-1 接口单元(管型端子)	0.5mm^2 蓝色
20	XT2.2(管型端子)	J4-2 接口单元(管型端子)	0.5mm^2 蓝色
21	XT2.3(管型端子)	501(φ3 叉型端子)	0.75mm^2 蓝色
22	XT2.4(管型端子)	502(φ3 叉型端子)	0.75mm^2 蓝色
23	XT2.5(管型端子)	503(φ3 叉型端子)	0.75mm^2 蓝色
24	XT2.6(管型端子)	801(QF03 输出、变频器输入、φ4 叉型端子)	0.75mm^2 红色
25	XT2.7(管型端子)	701(φ3 叉型端子)	0.5mm^2 蓝色
26	XT2.8(管型端子)	702(φ3 叉型端子)	0.5mm^2 蓝色
27	XT2.9(管型端子)	I1.1(管型端子)	0.5mm^2 蓝色
28	XT2.10(管型端子)	I1.2(管型端子)	0.5mm^2 蓝色
29	XT2.11(管型端子)	I1.3(管型端子)	0.5mm^2 蓝色
30	XT2.12(管型端子)	JP6-9 DSP(管型端子)	0.5mm^2 蓝色
31	XT2.13(管型端子)	JP6-10 DSP(管型端子)	0.5mm^2 蓝色
32	XT2.14(管型端子)	I1.4(管型端子)	0.5mm^2 蓝色
33	XT2.15(管型端子)	I1.5(管型端子)	0.5mm^2 蓝色
34	XT2.16(管型端子)	J10-1 接口单元(管型端子)	0.5mm^2 蓝色

续表

序号	起始端位置	结束端位置	线　型
35	XT2.17(管型端子)	J10-2 接口单元(管型端子)	0.5mm² 蓝色
36	XT2.21(管型端子)	R(变频器输出)	0.75mm² 蓝色
37	XT2.22(管型端子)	S(变频器输出)	0.75mm² 蓝色
38	XT2.23(管型端子)	T(变频器输出)	0.75mm² 蓝色
39	XT2.24(管型端子)	PLC RS485A	屏蔽电缆
40	XT2.25(管型端子)	PLC RS485B	屏蔽电缆
41	XT2.26(管型端子)	电表(B2A)(φ3 叉型端子)	屏蔽电缆
42	XT2.28(管型端子)	电表(B2B)(φ3 叉型端子)	屏蔽电缆
43	XT2.36(管型端子)	KA14(1) (φ3 叉型端子)	0.5mm² 蓝色
44	XT2.37(管型端子)	KA14(3) (φ3 叉型端子)	0.5mm² 蓝色
45	XT2.38(管型端子)	KA14(9) (φ3 叉型端子)	0.5mm² 蓝色
46	XT2.39(管型端子)	KA14(11)(φ3 叉型端子)	0.5mm² 蓝色

(3) 接线排 XT2 与接插座的接线

接线排 XT2 与接插座的接线见表 1-26。

表 1-26　接线排 XT2 与接插座的接线

序号	起始端位置	结束端位置	线　型
1	XT2.1(管型端子)	XP8.1(CON8 插头、管型端子)	0.5mm² 蓝色
2	XT2.2(管型端子)	XP8.2(CON8 插头、管型端子)	0.5mm² 蓝色
3	XT2.3(管型端子)	XS9.1(CON9 插座、管型端子)	0.75mm² 蓝色
4	XT2.4(管型端子)	XS9.2(CON9 插座、管型端子)	0.75mm² 蓝色
5	XT2.5(管型端子)	XS9.3(CON9 插座、管型端子)	0.75mm² 蓝色
6	XT2.7(管型端子)	XS10.2(CON10 插座、管型端子)	0.5mm² 蓝色
7	XT2.8(管型端子)	XS10.3(CON10 插座、管型端子)	0.5mm² 蓝色
8	XT2.9(管型端子)	XS10.4(CON10 插座、管型端子)	0.5mm² 蓝色
9	XT2.10(管型端子)	XS10.5(CON10 插座、管型端子)	0.5mm² 蓝色
10	XT2.11(管型端子)	XS10.6(CON10 插座、管型端子)	0.5mm² 蓝色
11	+24V(管型端子)	XS10.7(CON10 插座、管型端子)	0.5mm² 红色
12	XT2.12(管型端子)	XS11.1(CON11 插座、管型端子)	0.5mm² 红色
13	XT1.13(管型端子)	XS11.2(CON11 插座、管型端子)	0.5mm² 白色
14	XT1.14(管型端子)	XS11.3(CON11 插座、管型端子)	0.5mm² 蓝色
15	XT1.15(管型端子)	XS11.4(CON11 插座、管型端子)	0.5mm² 蓝色
16	+24V(管型端子)	XS11.5(CON11 插座、管型端子)	0.5mm² 红色
17	XT2.21(管型端子)	XS12.1(CON12 插座、管型端子)	0.75mm² 蓝色
18	XT2.22(管型端子)	XS12.2(CON12 插座、管型端子)	0.75mm² 蓝色
19	XT2.23(管型端子)	XS12.3(CON12 插座、管型端子)	0.75mm² 蓝色

1.3 逆变与负载系统

逆变与负载系统主要由逆变电源控制单元、逆变输出显示单元、逆变器、逆变器参数检测模块、变频器、三相交流电机、发光管舞台灯光模块、警示灯、接线排、断路器、网孔架等组成，如图 1-36 所示。

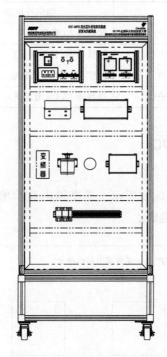

图 1-36 逆变与负载系统组成

1.3.1 逆变电源控制单元

（1）逆变电源控制单元面板

逆变电源控制单元面板如图 1-37 所示。逆变电源控制单元主要由断路器、+24V 开关电源插座、AC220V 电源插座、指示灯、接线端 DT14 和 DT15 等组成。

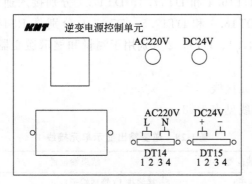

图 1-37 逆变电源控制单元面板

接线端子 DT14.1、DT14.2 和 DT14.3、DT14.4 分别接入 AC220V 的 L 和 N。接线端子 DT15.1、DT15.2 和 DT15.3、DT15.4 分别输出 +24V 和 0V。逆变电源控制单元的电气原理图和光伏电源控制单元的电气原理图相同。

(2) 逆变电源控制单元接线

逆变电源控制单元接线见表 1-27。

表 1-27 逆变电源控制单元接线

序号	起始端位置	结束端位置	线型
1	DT14.1、DT14.2(φ3 叉型端子)	接线排 L(管型端子)	0.75mm² 红色
2	DT14.3、DT14.4(φ3 叉型端子)	接线排 N(管型端子)	0.75mm² 黑色
3	DT15.1、DT15.2(φ3 叉型端子)	接线排 +24V(管型端子)	0.75mm² 红色
4	DT15.3、DT15.4(φ3 叉型端子)	接线排 0V(管型端子)	0.75mm² 白色

1.3.2 逆变输出显示单元

(1) 逆变输出显示单元面板

逆变输出显示单元面板如图 1-38 所示。逆变输出显示单元主要由交流电流表、交流电压表、接线端 DT16 和 DT17 等组成。

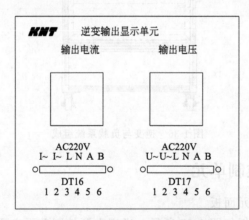

图 1-38 逆变输出显示单元面板

接线端子 DT16.3、DT16.4 和 DT17.3、DT17.4 分别接入逆变输出 AC220V 的 L 和 N。接线端子 DT16.5、DT16.6 和 DT17.5、DT17.6 分别是 RS485 通信端口。接线端子 DT16.1、DT16.2 和 DT17.1、DT17.2 分别用于测量和显示逆变器输出的交流电流和交流电压。

(2) 逆变输出显示单元接线

逆变输出显示单元接线见表 1-28。

表 1-28 逆变输出显示单元接线

序号	起始端位置	结束端位置	线型
1	DT16.3(φ3 叉型端子)	接线排 L(管型端子)	0.75mm² 红色
2	DT16.4(φ3 叉型端子)	接线排 N(管型端子)	0.75mm² 黑色

续表

序号	起始端位置	结束端位置	线型
3	DT17.3(ϕ3 叉型端子)	接线排 L(管型端子)	0.75mm² 红色
4	DT17.4(ϕ3 叉型端子)	接线排 N(管型端子)	0.75mm² 黑色
5	DT16.1(ϕ3 叉型端子)	逆变器输出(ϕ3 叉型端子)	0.5mm² 蓝色
6	DT16.2(ϕ3 叉型端子)	接线排 L(管型端子)	0.5mm² 蓝色
7	DT17.1(ϕ3 叉型端子)	接线排 L(管型端子)	0.5mm² 蓝色
8	DT17.2(ϕ3 叉型端子)	接线排 N(管型端子)	0.5mm² 蓝色
9	DT16.5(ϕ3 叉型端子)	DT17.5(ϕ3 叉型端子)	0.5mm² 蓝色
10	DT16.6(ϕ3 叉型端子)	DT17.6(ϕ3 叉型端子)	0.5mm² 蓝色
11	DT17.5(ϕ3 叉型端子)	XT3.14(管型端子)	屏蔽电缆
12	DT17.6(ϕ3 叉型端子)	XT3.15(管型端子)	屏蔽电缆

1.3.3 逆变与负载系统主电路

(1) 主电路

逆变与负载系统主要由逆变器、交流调速系统、逆变器测试模块、发光管舞台灯光模块和警示灯组成。逆变与负载系统主电路电气原理如图 1-39 所示。

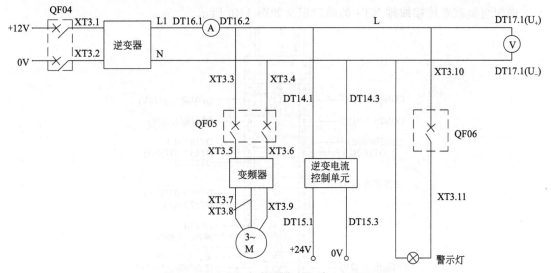

图 1-39 逆变与负载系统主电路电气原理图

逆变器的输入由光伏发电系统、风力发电系统或蓄电池组提供,逆变器输出单相 220V、50Hz 的交流电源。交流调速系统由变频器和三相交流电动机组成,逆变器的输出 AC220V 电源是变频器的输入电源,变频器将单相 AC220V 变换为三相 AC220V 供三相交流电动机使用。逆变电源控制单元的 AC220V 电源由逆变器提供,逆变电源控制单元输出的 DC24V 供发光管舞台灯光模块使用。逆变器测试模块用于检测逆变器的死区、基波、SPWM 波形。

接插座 CON13 将 DC12V 电源供给逆变与负载系统使用。

(2) 逆变器

逆变器是将低压直流电源变换成高压交流电源的装置。逆变器的种类很多，各自的具体工作原理、工作过程不尽相同。本实训装置使用的逆变器由 DC-DC 升压 PWM 控制芯片单元、驱动＋升压功率 MOS 管单元、升压变压器、SPWM 芯片单元、高压驱动芯片单元、全桥逆变功率 MOS 管单元、LC 滤波器组成。

逆变器的主要技术参数

输入电压：DC12V

输入电压范围：DC9.5～15.5V

输出电压：AC220V±5％

额定输出电流：1.4A

输出频率：50Hz±0.5Hz

额定功率：300V·A

输出波形：正弦波

波形失真：<5％

转换效率：>85％

1.3.4 接线排

（1）接线排 XT3 的端口定义

逆变与负载系统接线排 XT3 的端口定义如图 1-40 所示。

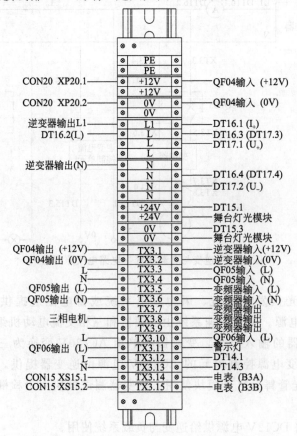

图 1-40 逆变与负载系统接线排 XT3 端口定义图

(2) 接线排 XT3 与逆变及负载系统的接线

接线排 XT3 与逆变及负载系统的接线见表 1-29。

表 1-29 接线排 XT3 与逆变及负载系统的接线

序号	起始端位置	结束端位置	线 型
1	接线排+12V(管型端子)	QF04 输入(φ4 叉型端子)	2mm² 红色
2	接线排 0V(管型端子)	QF04 输入(φ4 叉型端子)	2mm² 白色
3	接线排 L1(管型端子)	逆变器输出	0.75mm² 蓝色
4	接线排 L1(管型端子)	DT16.1(I~)(φ3 叉型端子)	0.75mm² 蓝色
5	接线排 L(管型端子)	DT16.2(I~)(φ3 叉型端子)	0.75mm² 蓝色
6	接线排 L(管型端子)	DT16.3(φ3 叉型端子)	0.75mm² 蓝色
7	接线排 L(管型端子)	DT17.3(φ3 叉型端子)	0.75mm² 蓝色
8	接线排 L(管型端子)	DT17.1(U~)(φ3 叉型端子)	0.75mm² 蓝色
9	接线排 N(管型端子)	DT16.4(φ3 叉型端子)	0.75mm² 蓝色
10	接线排 N(管型端子)	DT17.4(φ3 叉型端子)	0.75mm² 蓝色
11	接线排 N(管型端子)	DT17.2(U~)(φ3 叉型端子)	0.75mm² 蓝色
12	接线排+24V(管型端子)	DT15.1(φ3 叉型端子)	0.75mm² 蓝色
13	接线排+24V(管型端子)	舞台灯光模块	0.75mm² 蓝色
14	接线排 0V(管型端子)	DT15.2(φ3 叉型端子)	0.75mm² 蓝色
15	接线排 0V(管型端子)	舞台灯光模块	0.75mm² 蓝色
16	接线排 XT3.1(管型端子)	逆变器输入+12V	2mm² 红色
17	接线排 XT3.2(管型端子)	逆变器输入 0V	2mm² 白色
18	接线排 XT3.3(管型端子)	QF05 输入(φ4 叉型端子)	0.75mm² 蓝色
19	接线排 XT3.4(管型端子)	QF05 输入(φ4 叉型端子)	0.75mm² 蓝色
20	接线排 XT3.5(管型端子)	变频器输入(φ3 叉型端子)	0.75mm² 蓝色
21	接线排 XT3.6(管型端子)	变频器输入(φ3 叉型端子)	0.75mm² 蓝色
22	接线排 XT3.7(管型端子)	变频器输出(φ3 叉型端子)	0.75mm² 蓝色
23	接线排 XT3.8(管型端子)	变频器输出(φ3 叉型端子)	0.75mm² 蓝色
24	接线排 XT3.9(管型端子)	变频器输出(φ3 叉型端子)	0.75mm² 蓝色
25	接线排 XT3.10(管型端子)	QF06 输入(φ4 叉型端子)	0.75mm² 蓝色
26	接线排 XT3.11(管型端子)	警示灯	0.75mm² 蓝色
27	接线排 XT3.12(管型端子)	DT14.1(φ3 叉型端子)	0.75mm² 蓝色
28	接线排 XT3.13(管型端子)	DT14.3(φ3 叉型端子)	0.75mm² 蓝色
29	接线排 XT3.14(管型端子)	电表(B3A)	屏蔽电缆
30	接线排 XT3.15(管型端子)	电表(B3B)	屏蔽电缆

(3) 接线排 XT3 与接插座 CON13 的接线

接线排 XT3 与接插座 CON13 的接线见表 1-30。

表 1-30 接线排 XT3 与接插座 CON13 的接线

序号	起始端位置	结束端位置	线 型
1	接线排+12V(管型端子)	XP20.1(φ3 叉型端子)	2mm² 红色
2	接线排 0V(管型端子)	XP20.2(φ3 叉型端子)	2mm² 白色
3	XT3.14(管型端子)	XS15.1(管型端子)	屏蔽电缆
4	XT3.15(管型端子)	XS15.2(管型端子)	屏蔽电缆

1.4 监控系统

1.4.1 监控系统组成

监控系统主要由计算机、力控组态软件组成，如图1-41所示。

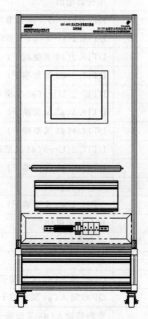

图1-41 监控系统

1.4.2 接线排与通信

1.4.2.1 接线排

监控系统接线排定义如图1-42所示。

1.4.2.2 通信

监控系统上位机与光伏供电系统的PLC、风力供电系统的PLC、电压表和电流表的通信采用RS485通信方式，通信接口分别为COM1、COM2、COM3；监控系统上位机与光伏供电系统的DSP控制器、风力供电系统的DSP控制器采用RS232通信，通信接口分别为COM4、COM5。

（1）通信协议

① 光伏供电系统PLC COM1：波特率9600，无校验，8位数据，1位停止位，PPI通讯协议。

② 风力供电系统PLC COM2：波特率9600，无校验，8位数据，1位停止位，PPI通讯协议。

③ 电压表和电流表 COM3：波特率9600，无校验，8位数据，1位停止位，MODBUS RTU通讯协议。

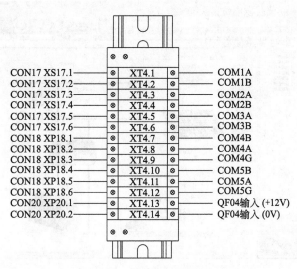

图 1-42 监控系统接线排定义

④ 光伏供电系统 DSP 控制器 COM4：波特率 19200，偶校验，8 位数据，1 位停止位，KNT 智能模块通讯协议。

⑤ 风力供电系统 DSP 控制器 COM5：波特率 19200，偶校验，8 位数据，1 位停止位，KNT 智能模块通讯协议。

（2）通信接口

监控系统上位机与各单元的通信接口如图 1-43 所示。

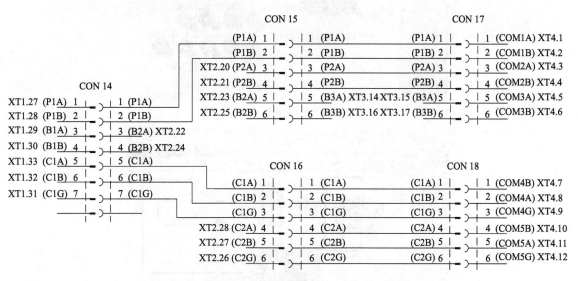

图 1-43 监控系统上位机与各单元的通信接口图

1.4.3 监控界面

监控界面主要有光伏供电系统、光伏供电控制、风力供电系统、逆变与负载、曲线、系统报表，部分组态界面如图 1-44 所示。

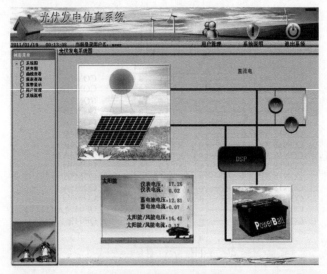

(a) 光伏供电系统逆变与负载曲线

(b) 光伏供电控制

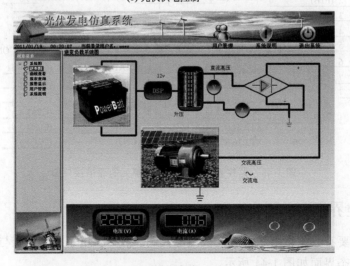

(c) 逆变与负载

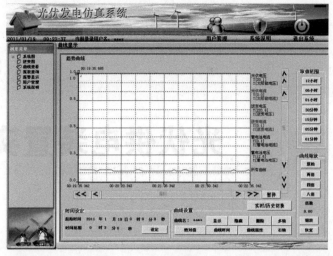

(d) 曲线

(e) 系统报表

图 1-44 监控界面

第 2 章 光伏供电装置实训

2.1 光伏电池方阵的安装

2.1.1 实训的目的和要求

1. 实训的目的
① 了解单晶硅光伏电池单体的工作原理。
② 掌握光伏电池方阵的安装方法。

2. 实训的要求
① 在室外自然光照的情况下,用万用表测量光伏电池组件的开路电压,了解光伏电池的输出电压值。
② 在室外自然光照条件下和在室内灯光的情况下,用万用表测量光伏电池方阵的开路电压,分析光伏电池方阵在室内、外光照条件下开路电压区别的原因。

2.1.2 基本原理

(1) 本征半导体

纯净半导体是导电能力介于导体和绝缘体之间的一种物质。纯净的半导体称为本征半导体。制造半导体器件的常用半导体材料有硅(Si)、锗(Ge)和砷化镓(GaAs)等。本征硅半导体中的硅原子核最外层有四个价电子,硅晶体为共价键结构,硅原子最外层的价电子被共价键束缚。在低温下,这些共价键完好,本征硅半导体显示出绝缘体特性。当温度升高或受到光照等外界激发时,共价键中的某些价电子获得能量,摆脱共价键束缚,成为可以自由运动的电子,在原来的共价键中留出空穴。这些空穴又会被邻近的共价键中的价电子填补,并在邻近的共价键中产生新的空穴。空穴运动是带负电荷的价电子运动造成的,其效果是带正电荷的粒子在运动。可以认为,自由电子是带负电荷的载流子,空穴是带正电荷的载流子。本征半导体中有两种载流子,即电子和空穴,它们是成对出现的,称为电子-空穴对,两种载流子都可以传导电流。通常本征半导体中的载流子浓度很低,导电能力差。当温度升高或受到光照时,本征半导体中的载流子浓度按指数规律增加,其导电能力显著增加。

(2) P型半导体和N型半导体

纯净半导体中加入了微量三价元素或五价元素，其导电能力会明显增强。三价元素的原子核的最外层有三个价电子，在形成共价键时，产生了一个空穴。五价元素的原子核的最外层有五个价电子，在形成共价键时，产生了一个自由电子。在本征硅半导体中掺入微量三价元素（例如硼元素）后，本征硅半导体中的空穴浓度大大增加，半导体的导电能力明显提高，主要依靠空穴导电的半导体称为P型半导体。在P型半导体中，空穴浓度高于电子，空穴称为多数载流子，电子称为少数载流子。在本征硅半导体中掺入微量五价元素（例如磷元素）后，本征硅半导体中的电子浓度大大增加，半导体的导电能力明显提高，主要依靠电子导电的半导体称为N型半导体。在N型半导体中，电子的浓度高于空穴，电子称为多数载流子，空穴称为少数载流子。无论是P型半导体还是N型半导体，整个硅晶体中的正负电荷数量是相等的，是电中性的。

(3) PN结

采用特殊制造工艺使硅半导体的一边为P型半导体，另一边为N型半导体。由于在P型半导体中的空穴浓度高于电子浓度，而在N型半导体中电子浓度高于空穴浓度，因此，在P型半导体和N型半导体的交界面存在空穴和电子的浓度差。多数载流子会从高浓度处向低浓度处运动，这种由浓度差引起的多数载流子运动称为扩散运动。扩散运动的结果是在交界面P区一侧失去空穴留下不能移动的负离子，在N区一侧失去电子留下不能移动的正离子，在P型硅半导体和N型硅半导体交界面的两侧出现了由不能移动的正负离子形成的空间电荷区，称之为PN结。空间电荷区中产生了一个从N区指向P区的电场，该电场由多数载流子扩散而形成，称为内电场。空间电荷区中没有载流子，所以空间电荷区也称为耗尽层。图2-1所示是半导体PN结的结构示意图。

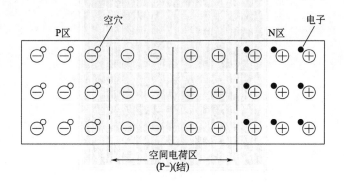

图2-1 半导体PN结的结构示意图
⟵内建电场方向；
⟶扩散运动方向

PN结中的内电场力会使P区的电子即少数载流子向N区运动，同时使N区的空穴即少数载流子向P区运动。少数载流子在内电场力的作用下的运动称为漂移运动。

扩散运动和漂移运动的方向是相反的。起初，空间电荷区较小，内电场较弱，扩散运动占优势。随后，空间电荷区不断扩大，内电场增强，对多数载流子扩散的阻力不断增大，多数载流子扩散运动逐渐减弱，而少数载流子的漂移运动不断增强。最后，扩散运动和漂移运动达到动态平衡,空间电荷区的宽度相对稳定,流过 PN 结的扩散电流和漂移电流大小相等、方向相反,总电流保持为零。

(4) 光伏电池

光伏电池是半导体 PN 结接受太阳光照产生光生电势效应,将光能变换为电能的变换器。当太阳光照射到具有 PN 结的半导体表面,P 区和 N 区中的价电子受到太阳光子的冲击,获得能量,摆脱共价键的束缚,产生电子和空穴,被太阳光子激发产生的电子和空穴在半导体中复合,不呈现导电作用。在 PN 结附近 P 区被太阳光子激发产生的电子少数载流子受漂移作用到达 N 区,同样,PN 结附近 N 区被太阳光子激发产生的空穴少数载流子受漂移作用到达 P 区。少数载流子漂移对外形成与 PN 结电场方向相反的光生电场,如果接入负载,N 区的电子通过外电路负载流向 P 区形成电子流,进入 P 区后与空穴复合。我们知道,电子流动方向与电流流动方向是相反的,光伏电池接入负载后,电流是从电池的 P 区流出,经过负载流入 N 区,回到电池。

光伏电池单体是光电转换最小的单元,尺寸为 $4\sim100cm^2$ 不等。光伏电池单体的工作电压约为 0.5V,工作电流约为 $20\sim25mA/cm^2$。光伏电池单体不能单独作为光伏电源使用,将光伏电池单体进行串、并联封装后,构成光伏电池组件,其功率一般为几瓦至几十瓦,是单独作为光伏电源使用的最小单元。光伏电池组件的光伏电池的标准数量是 36 片($10cm\times 10cm$),大约能产生 17V 左右的电压,能为额定电压为 12V 的蓄电池进行有效充电。图 2-2 是标准的光伏电池组件。光伏电池组件经过串、并联组合安装在支架上,构成了光伏电池方阵,可以满足光伏发电系统负载所要求的输出功率。

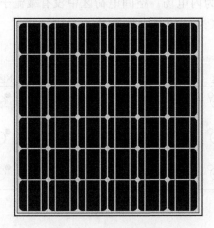

图 2-2 光伏电池组件

目前主要有三种商品化的硅光伏电池:单晶硅光伏电池、多晶硅光伏电池和非晶硅光伏电池。单晶硅光伏电池所使用的单晶硅材料与半导体行业所使用的材料有相同的品质,成本比较贵,光电转换效率为 13%~15%。多晶硅光伏电池的制造成本比单晶硅光伏电池低,光电转换效率比单晶硅太阳能电池要低,一般为 10%~12%。非晶硅光伏电池属于薄膜电池,造价低廉,光电转换率比较低,一般为 5%~8%。

光伏电池组件正面采用高透光率的钢化玻璃,背面是聚乙烯氟化物膜,光伏电池两边用 EVA 或 PVB 胶热压封装,四周用轻质铝型材边框固定,由接线盒引出电极。由于玻璃、密封胶的透光率的影响以及光伏电池之间性能失配等因素，组件的光电转换效率一般要比光伏电池单体的光电转换效率低5%～10%。

2.1.3 实训内容

① 在室外自然光照的情况下，用万用表测量1块单晶硅光伏电池组件的开路电压，计算光伏电池单体的工作电压。

② 将4块单晶硅光伏电池组件安装在铝型材支架上，光伏电池组件并联连接。在室内、外光照的情况下，用万用表测量光伏电池方阵的开路电压。

③ 将4块单晶硅光伏电池组件2串联2并联连接，在室内、外光照的情况下，用万用表测量光伏电池方阵的开路电压。

2.1.4 操作步骤

(1) 使用的器材和工具

① 单晶硅光伏电池组件，数量：4块。

② 铝型材，型号：XC-6-2020，数量：4根，长度：860mm。

③ 铝型材，型号：XC-6-2020，数量：2根，长度：760mm。

④ 万用表，数量：1块。

⑤ 内六角扳手，数量：1套。

⑥ 十字型螺丝刀和一字型螺丝刀，数量：各1把。

⑦ 螺丝、螺母若干。

(2) 操作步骤

① 用万用表测量光伏电池组件上的光伏电池的连接线，了解光伏电池实现组件的封装。

② 将1块光伏电池组件移至室外，让光伏电池组件正对着自然光线。用万用表直流电压挡的合适量程测量单晶硅光伏电池组件的开路电压，记录开路电压数值。统计光伏电池组件上光伏电池单体的数量，计算光伏电池单体的工作电压。将光伏电池组件的开路电压和光伏电池单体的工作电压填入表2-1中。

表2-1 光伏电池组件的开路电压和光伏电池单体的工作电压

光伏电池组件开路电压 U/V	光伏电池单体数量/块	光伏电池单体工作电压 U/V

③ 将4块光伏电池组件安装在铝型材支架上，形成光伏电池方阵，如图2-3所示。要求光伏电池方阵排列整齐，紧固件不松动，4块光伏电池组件引出线进行并联连接。

将安装好的光伏电池方阵移至室外，让光伏电池方阵正对着自然光线。用万用表直流电压挡的合适量程测量光伏电池方阵的开路电压，记录开路电压数值。

将安装好的光伏电池方阵移至室内，让光伏电池方阵正对着室内灯光。用万用表直流电压挡的合适量程测量光伏电池方阵的开路电压，记录开路电压数值。

④ 4块光伏电池组件引出线进行2串2并连接，移至室外。让光伏电池方阵正对着自然光线。用万用表直流电压挡的合适量程测量光伏电池方阵的开路电压，记录开路电压数值。

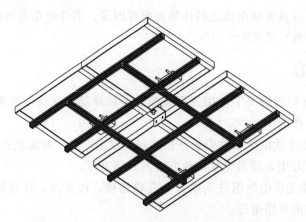

图 2-3　光伏电池组件安装成光伏电池方阵示意图

将 2 串 2 并连接的光伏电池方阵移至室内,正对着室内灯光。用万用表直流电压挡的合适量程测量光伏电池方阵的开路电压,记录开路电压数值。

⑤ 将上述的开路电压数值填入表 2-2 内。

表 2-2　光伏电池方阵的开路电压

条件	光伏电池组件并联开路电压 U/V	光伏电池组件 2 串 2 并开路电压 U/V
室外		
室内		

2.1.5　小结

① 光伏电池单体是光电转换最小的单元,工作电压约为 0.5V,不能单独作为光伏电源使用。将光伏电池单体进行串、并联封装构成光伏电池组件,是单独作为光伏电源使用的最小单元。实际工程中是将光伏电池组件经过串、并联组合,构成了光伏电池方阵,以满足不同的负载需要。

② 将光伏电池组件安置在室外自然光线下测量开路电压,计算出的光伏电池单体工作电压是比较接近实际值的。

③ 光伏电池组件在室内、外的开路电压有明显的差异,表明光伏电池组件在较强的光照度下能够提供较大的电能。

④ 为了使得光伏电池组件提供较大的电能,方法之一是采用光伏电池组件跟踪光源。

2.2　光伏供电装置组装

2.2.1　实训的目的和要求

(1) 实训的目的

① 了解光伏供电装置的组成。

② 理解水平和俯仰方向运动机构的结构。

(2) 实训的要求

① 组装光伏供电装置。
② 根据光伏供电系统主电路电气原理图和接插座图,将电源线、信号线和控制线接在相应的接插座中。

2.2.2 基本原理

光伏供电装置主要由光伏电池组件、投射灯、光线传感器、光线传感器控制盒、摆杆支架、摆杆减速箱、单相交流电动机、电容器、水平方向和俯仰方向运动机构、水平运动和俯仰运动直流电动机、接近开关、微动开关、底座支架等设备与器件组成。

(1) 水平方向和俯仰方向运动机构

水平方向和俯仰方向运动机构如图 2-4 所示。水平方向和俯仰方向运动机构中有两个减速箱,一个称为水平方向运动减速箱,另一个称为俯仰方向运动减速箱,这两个减速箱的减速比为 1∶80,分别由水平运动和俯仰运动直流电动机通过传动链条驱动。光伏电池方阵安装在水平方向和俯仰方向运动机构的上方,如图 2-5 所示,当水平方向和俯仰方向运动机构运动时,带动光伏电池方阵作水平方向偏转移动和俯仰方向偏转移动。

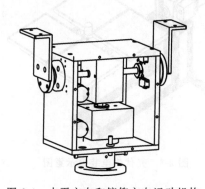
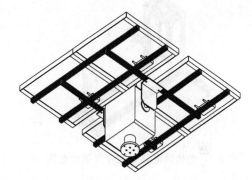

图 2-4 水平方向和俯仰方向运动机构　　图 2-5 光伏电池方阵与水平方向和俯仰方向运动机构

(2) 光源移动机构

摆杆支架安装在摆杆减速箱的输出轴上,摆杆减速箱的减速比为 1∶3000。摆杆减速箱由单相交流电动机驱动,摆杆支架上方安装 2 盏 300W 的投射灯,组成如图 2-6 所示的光源移动机构。当交流电动机旋转时,投射灯随摆杆支架作圆周移动,实现投射灯光源的连续运动。

(3) 光线传感器

光线传感器安装在光伏电池方阵中央,用于获取不同位置的投射灯的光照强度。光线传感器通过光线传感控制盒,将东、西、北、南方向的投射灯的光强信号转换成开关量信号传输给光伏供电系统的 PLC,由 PLC 进行相应的控制。

(4) 光伏供电装置结构

水平方向和俯仰方向运动机构、光源移动机构分别安装在底座支架上,组成光伏供电装置。图 2-7 是光伏供电装置底座支架示意图,图 2-8 是光伏供电装置示意图,图 2-9 和图 2-10 分别是光伏电池方阵偏转移动示意图和投射灯光源连续运动示意图。

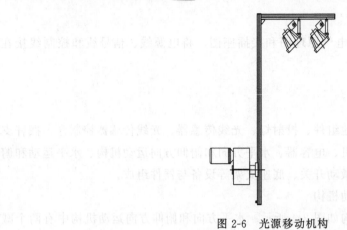

图 2-6　光源移动机构

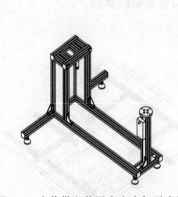

图 2-7　光伏供电装置底座支架示意图

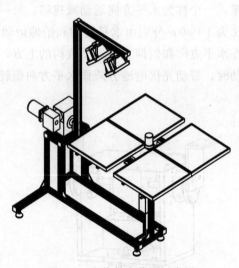

图 2-8　光伏供电装置示意图

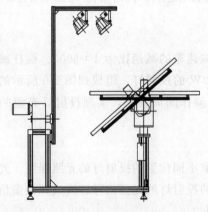

图 2-9　光伏电池方阵偏转移动示意图

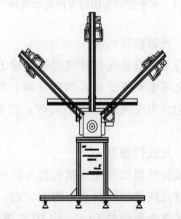

图 2-10　投射灯光源连续运动示意图

(5) 接近开关和微动开关

水平方向和俯仰方向运动机构中装有接近开关和微动开关,用于提供光伏电池方阵作水平偏转和俯仰偏转的极限位置信号。

与光源移动机构连接的底座支架部分装有接近开关和微动开关，微动开关用于限位，接近开关用于提供午日位置信号。

2.2.3 实训内容

① 完成光伏供电装置的组装。

② 整理水平和俯仰方向运动机构、投射灯、单相交流电动机、接近开关和微动开关的电源线、信号线和控制线，根据CON1～CON7接插座图，将电源线、信号线和控制线接在相应的接插座中。

2.2.4 操作步骤

(1) 使用的器材和工具

① 光伏电池方阵、光线传感器、光线传感器控制盒、水平方向和俯仰方向运动机构，数量：各1个。

② 摆杆减速箱，减速比1∶3000；单相交流电动机，AC220V/90W；电容器，$47\mu F$/450V；摆杆支架。数量：各1个。

③ 投射灯，300W，数量：2个。

④ 接近开关，数量：2个。

⑤ 微动开关，数量：4个。

⑥ 底座支架，数量：1个。

⑦ 接插座，数量：7个。

⑧ 万用表，数量：1块。

⑨ 电烙铁，热风枪，数量：各1把。

⑩ 螺丝、螺母若干。

⑪ 连接线、热缩管若干。

(2) 操作步骤

① 将光线传感器安装在光伏电池方阵中央，然后将光伏电池方阵安装在水平方向和俯仰方向运动机构的支架上，再将光线传感控制盒装在底座支架上，要求紧固件不松动。

将水平方向和俯仰方向运动机构中的两个直流电动机分别接入＋24V电源，光伏电池方阵匀速作水平方向或俯仰方向的偏移运动。

② 将摆杆支架安装在摆杆减速箱的输出轴，然后将摆杆减速箱固定在底座支架上，再将2盏投射灯安装在摆杆支架上方的支架上，要求紧固件不松动。

③ 根据光伏供电主电路电气原理图和接插座图，焊接水平方向和俯仰方向运动机构、单相交流电动机、电容器、投射灯、光线传感器、光线传感控制盒、电容器、接近开关和微动开关的引出线。引出线的焊接要光滑、可靠，焊接端口使用热缩管绝缘。

④ 整理上述焊接好的引出线，将电源线、信号线和控制线接在相应的接插座中，接插座端的引出线使用管型端子和接线标号。

2.2.5 小结

① 光伏供电装置是风光互补发电实训系统将光能转换为电能的基本装置，该装置有几

个重要组成部分：光源移动机构、光线传感器和光线传感器控制盒、水平方向和俯仰方向运动机构。

光源移动机构的功能是使光源连续移动，模拟日光的运动轨迹。光线传感器采集光源的光强度，通过光线传感器控制盒将不同位置的光强信号传输给光伏供电系统。光伏供电系统中的 PLC 接受光强信号后，控制水平方向和俯仰方向运动机构中的直流电动机旋转，使得光伏电池方阵对准光源以获取最大的光电转换效率。

② 接近开关和微动开关是光伏供电装置中不可缺少的器件，这些器件用于确定光源移动机构和光伏电池方阵在移动中的位置，起到定位和保护作用。

③ 光伏供电装置各部分的动作由光伏供电系统来控制完成。

第 3 章

光伏供电系统实训

3.1 光伏供电系统接线

3.1.1 实训的目的和要求

(1) 实训的目的

① 通过实训理解光伏供电系统的组成。

② 通过实训掌握设备和器件的安装与接线。

(2) 实训的要求

① 拆除光伏电源控制单元、光伏输出显示单元、光伏供电控制单元、S7-200 CPU226 PLC 的接线。器件的安装位置可以作适当调整，根据光伏供电系统相关电气原理图重新接线。

② 接线的线径、颜色选择合理，接线要有标号，叉型端子和管型端子处不露铜。

③ 接地线选择黄绿色线，接线要可靠。

3.1.2 基本原理

有关实训的基本原理可阅读第 1 章 1.1 节的相关内容。

3.1.3 实训内容

① 光伏电源控制单元的接线。

② 光伏输出显示单元的接线。

③ 光伏供电控制单元的接线。

④ S7-200 CPU226 PLC 的接线。

3.1.4 操作步骤

(1) 使用的器材和工具

① 光伏电源控制单元，数量：1 个。

② 光伏输出显示单元，数量：1 个。

③ 光伏供电控制单元，数量：1个。
④ S7-200 CPU226 PLC，24个输入、16个继电器输出，数量：1个。
⑤ 万用表，数量：1块。
⑥ 十字型螺丝刀和一字型螺丝刀，数量：各1把。
⑦ 套管打码机，数量：1台。
⑧ 叉型端子、管型端子、接线、套管若干。

（2）操作步骤

建议按下面的顺序接线。

① 光伏电源控制单元的接线。光伏电源控制单元的作用是向光伏供电装置和光伏供电系统提供+24V的电源，有4根接线，$0.75mm^2$ 红色线和 $0.75mm^2$ 黑色线用于AC220V的L和N，$1mm^2$ 红色线和 $1mm^2$ 白色线用于+24V和0V。

② 光伏输出显示单元的接线。光伏输出显示单元的作用是显示光伏电池方阵输出的电压和电流值，有12根接线，$0.75mm^2$ 红色线和 $0.75mm^2$ 黑色线用于AC220V的L和N，用于通信以外的接线可选用 $0.5mm^2$ 蓝色线。

③ 光伏供电控制单元的接线。光伏供电控制单元是控制光伏供电装置动作的操作控制盒，有24根接线，+24V的接线选用 $0.5mm^2$ 红色线，0V的接线选用 $0.5mm^2$ 白色线，其余均可选用 $0.5mm^2$ 蓝色线。

④ S7-200 CPU226 PLC输入输出端口接线。S7-200 CPU226 PLC是控制光伏供电装置动作的控制单元，有48根接线，L、N、GND分别使用 $0.75mm^2$ 的红色、黑色和黄绿色线，1M和2M使用 $0.5mm^2$ 白色线，1L、2L和3L使用 $0.5mm^2$ 红色线，其余使用 $0.5mm^2$ 绿色线。

⑤ 接线完毕后，根据相关电气原理图，用万用表检测接线是否正确、接线工艺是否符合要求。

3.1.5 小结

① 设备、器件的安装和接线是设备运行前的基础工作，是十分重要的。

② 设备、器件的安装和接线有其工艺要求，例如线径、线型、颜色、接线端子的选用、标号、布线方式和路径等。

③ 在光伏供电控制单元的接线和PLC输入输出端口接线之前，应该了解光伏供电控制单元的电气原理图和PLC输入输出接口电气原理图，有助于对光伏供电系统的理解。

3.2 光线传感器

3.2.1 实训的目的和要求

（1）实训的目的

① 了解光敏电阻、电压比较器的工作特性。

② 理解光线传感器的工作原理。

（2）实训的要求

熟悉光线传感器的引线定义，能够正确使用光线传感器。

3.2.2 基本原理

光线传感器的电原理图如图 3-1 所示。IC1a 和 IC1b 是电压比较器，电阻 R_3 和 R_4 给 IC1a 和 IC1b 电压比较器提供反相端固定电平，R_{G1}、R_{P1} 和 R_1 为 IC1a 电压比较器提供同相端电平，R_{G2}、R_{P2} 和 R_2 为 IC1b 电压比较器提供同相端电平。

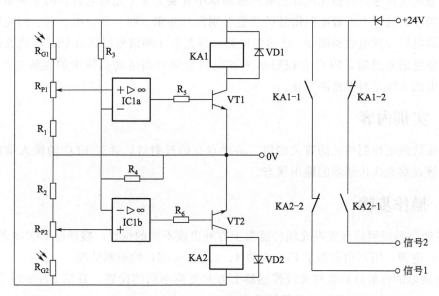

图 3-1 光线传感器电原理图

光敏电阻 R_{G1} 在无光照或暗光的情况下，其电阻值较大，R_{G1}、R_{P1} 和 R_1 组成的分压电路提供给 IC1a 电压比较器同相端的电平低于 IC1a 电压比较器反相端的固定电平，IC1a 电压比较器输出低电平，三极管 VT1 截止，继电器 KA1 不导通，常开触点 KA1-1 和常闭触点 KA1-2 保持常态，信号 1 端无电平输出。同样，光敏电阻 R_{G2} 在无光照或暗光的情况下，其电阻值较大，R_{G2}、R_{P2} 和 R_2 组成的分压电路提供给 IC1b 电压比较器同相端的电平低于 IC1b 电压比较器反相端的固定电平，三极管 VT2 截止，继电器 KA2 不导通，常开触点 KA2-1 和常闭触点 KA2-2 保持常态，信号 2 端无电平输出。

将光敏电阻 R_{G1} 和光敏电阻 R_{G2} 安装在透光的深色有机玻璃罩中，光敏电阻 R_{G1} 和光敏电阻 R_{G2} 在罩中用不透光的隔板分开。当太阳光或灯光斜照射在光敏电阻 R_{G1} 一侧，光敏电阻 R_{G1} 受光照射，其阻值变小；光敏电阻 R_{G2} 没有受到光的照射，其阻值不变。R_{G1}、R_{P1} 和 R_1 组成的分压电路提供给 IC1a 电压比较器同相端的电平高于 IC1a 电压比较器反相端的固定电平，IC1a 电压比较器输出高电平，三极管 VT1 导通，继电器 KA1 线圈得电导通，常开触点 KA1-1 闭合，常闭触点 KA1-2 断开，信号 1 端输出高电平。PLC 接收该高电平后，控制水平方向和俯仰方向运动机构中的相应的直流电动机旋转，使光伏电池方阵向光敏电阻 R_{G1} 一侧偏转。同样的道理，当太阳光或灯光斜照射在光敏电阻 R_{G2} 一侧，信号 2 端输出高电平，PLC 控制水平方向和俯仰方向运动机构中的相应的直流电动机旋转，使光伏电池方

阵向光敏电阻 R_{G2} 一侧偏转。

光伏电池方阵在偏转过程中，当太阳光或灯光处在光敏电阻 R_{G1} 和光敏电阻 R_{G2} 上方，IC1a 电压比较器和 IC1b 电压比较器均输出高电平，三极管 VT1 和 VT2 导通，继电器 KA1 和 KA2 的线圈得电导通，常开触点 KA1-1 和 KA2-1 闭合，常闭触点 KA1-2 和 KA2-2 断开，信号 1 端和信号 2 端无电平输出，水平方向和俯仰方向运动机构中的相应的直流电动机停止动作，光伏电池方阵也停止偏转。

实际的光线传感器在透光的深色有机玻璃罩中安装了 4 个光敏电阻，用十字型不透光的隔板分别隔开，这 4 个光敏电阻所处的位置分别定义为东、西、北、南。东、西光敏电阻和北、南光敏电阻分别组成如图 3-1 所示的电路，因此有 4 路信号提供给 PLC。当光线传感器接受不同位置的光照时，PLC 会控制水平方向和俯仰方向运动机构中的直流电动机旋转，直到光伏电池方阵正对着光源为止。

3.2.3　实训内容

操作光伏供电控制单元的有关按钮，移动点亮的投射灯，通过 PLC 的输入输出端口的发光二极管观察光线传感器的输出状态。

3.2.4　操作步骤

① 将通电的投射灯放置在光线传感器上方并更换不同的位置，接插座 CON6 的 1、2 端口接 +12V 电源，用万用表测量 CON6 的 3、4、5、6 端口的通断情况。

② 将通电的投射灯放置在光线传感器上方并更换不同的位置，观察 S7-200 CPU226 的 I2.2、I2.3、I2.4、I2.5 指示灯的显示状态。

③ 根据 S7-200 CPU226 的 I2.2、I2.3、I2.4、I2.5 指示灯的显示状态，判定水平方向和俯仰方向运动机构中的直流电动机正确的旋转方向。

3.2.5　小结

① 光敏电阻和电压比较器是光线传感器核心元件。光敏电阻是传感器，其特点是受光后阻值变小。电压比较器是信号处理器件，其输出电平取决于电压比较器同相端和反相端电平的高低，当电压比较器同相端的电平高于反相端的电平时，电压比较器输出高电平，当电压比较器同相端的电平低于反相端的电平时，电压比较器输出低电平。

② 继电器 KA1 常开触点和继电器 KA2 常闭触点串联的作用是同组光敏电阻都受光时，信号 1 端无输出；继电器 KA1 常闭触点和继电器 KA2 常开触点串联的作用是同组光敏电阻都受光时，信号 2 端无输出。

3.3　光伏电池组件光源跟踪控制程序设计

3.3.1　实训的目的和要求

(1) 实训的目的

① 了解光伏电池组件光源跟踪控制能够使光伏电池组件获取较大的光能而输出较大的

电能。

② 掌握光伏电池组件跟踪手动控制和自动控制程序设计的方法。

(2) 实训的要求

① 根据光伏供电主电路电气原理图和接插座图，检查相关电路的接线。

② 根据 PLC 输入输出配置，检查相关的接线。

③ 完成光伏电池组件跟踪手动控制和自动控制程序设计。

3.3.2　基本原理

(1) 光伏供电控制单元

① 光伏供电控制单元的选择开关有两个状态。选择开关拨向左边时，PLC 处在手动控制状态，可以进行光伏电池组件跟踪、灯状态、灯运动操作。选择开关拨向右边时，PLC 处在自动控制状态，按下启动按钮，PLC 执行自动控制程序。

② PLC 处在手动控制状态时，按下向东按钮，PLC 的 Q0.1 输出＋24V 电平，向东按钮的指示灯亮；PLC 的 Q1.4 输出＋24V 电平，继电器 KA3 线圈通电，继电器的常开触点闭合，＋24V 电源通过继电器 KA3 和接插座 CON4 提供给水平方向和俯仰方向运动机构中控制光伏电池组件向东偏转或向西偏转的直流电机工作，光伏电池组件向东偏转。

如果按下向西按钮，PLC 的 Q0.2 输出＋24V 电平，向西按钮的指示灯亮；PLC 的 Q1.5 输出＋24V 电平，继电器 KA4 线圈通电，继电器的常开触点闭合，＋24V 电源通过继电器 KA4 和接插座 CON4 提供给水平方向和俯仰方向运动机构中控制光伏电池组件向东偏转或向西偏转的直流电机工作，由于继电器 KA4 改变了＋24V 电源的极性，光伏电池组件向西偏转。

向东按钮和向西按钮在程序上采取互锁关系。向北按钮和向南按钮的作用与向东按钮和向西按钮的作用相同，按下向北按钮或向南按钮时，光伏电池组件向北偏转或向南偏转。

③ PLC 处在手动控制状态时，按下灯1和灯2按钮，PLC 的 Q0.5 和 Q0.6 输出＋24V 电平，灯1和灯2按钮的指示灯亮，继电器 KA7 线圈和继电器 KA8 线圈通电，继电器常开触点闭合。继电器 KA7 和继电器 KA8 将单相 AC220V 通过接插座 CON3 分别提供给投射灯1和投射灯2。

④ PLC 处在手动控制状态时，按下东西按钮，PLC 的 Q0.7 输出＋24V 电平，东西按钮的指示灯亮。PLC 的 Q1.2 输出＋24V 电平，继电器 KA1 线圈通电，继电器的常开触点闭合，将单相 AC220V 通过接插座 CON2 提供给摆杆偏转电动机，电动机旋转时，安装在摆杆上的投射灯由东向西方向移动。

如果按下西东按钮，PLC 的 Q1.0 输出＋24V 电平，西东按钮的指示灯亮。PLC 的 Q1.3 输出＋24V 电平，继电器 KA2 线圈通电，继电器的常开触点闭合，将单相 AC220V 通过接插座 CON2 提供给摆杆偏转电动机，电动机旋转时，安装在摆杆上的投射灯由西向东方向移动。

东西按钮和西东按钮在程序上采取互锁关系。

⑤ PLC 处在自动控制状态时，按下启动按钮时，PLC 运行自动程序。摆杆上的投射灯由东向西方向或由西向东方向移动，光线传感器中4象限的光敏电阻感受不同的光强度，通

过光线传感控制盒中的电路将+24V电平或0V电平通过4个通道分别输出到PLC的I2.2、I2.3、I2.4和I2.5输入端，分别对应为光伏电池组件向东、向西、向北和向南偏移的信号。如果PLC的I2.2接收到+24V电平，PLC的Q1.4输出+24V电平，继电器KA3线圈通电，常开触点闭合，+24V电源通过继电器KA3和接插座CON4提供给水平方向和俯仰方向运动机构中控制光伏电池组件向东偏转或向西偏转的直流电机工作，光伏电池组件向东偏转。如果PLC的I2.3接收到+24V电平，光伏电池组件向西偏转；如果PLC的I2.4或I2.5接收到+24V电平，则光伏电池组件向北或向南偏转。

(2) PLC

光伏电池组件光源跟踪控制器选用S7-200 CPU226，继电器输出，输入输出配置见第1章表1-7。

3.3.3 实训内容

① 根据光伏供电系统的电气图，检查相关电路的接线。

② 检查PLC输入输出的相关接线。

③ 光伏电池组件光源跟踪的程序设计。

3.3.4 操作步骤

(1) 使用的器材和工具

① 光伏供电装置，数量：1台。

② 光伏供电控制单元，数量：1个。

③ 光伏电源控制单元，数量：1个。

④ S7-200 CPU226 PLC，24个输入、16个继电器输出，数量：1个。

⑤ 万用表，数量：1块。

⑥ 十字型螺丝刀和一字型螺丝刀，数量：各1把。

(2) 程序设计

根据基本原理中的要求，设计程序。

(3) 程序调试

① 利用万用表检查相关电路的接线。

② 在手动状态下，分别按下向东、向西、向北、向南按钮，观察光伏电池方阵的运动方向。当按下停止按钮时，光伏电池方阵停止运动，观察光伏电池方阵在极限位置是否停止运动。如果光伏电池方阵运动状态不正常，检查接线和程序后再重复调试。

③ 在手动状态下，分别按下灯1和灯2按钮，观察投射灯1和投射灯2是否发光。当按下停止按钮时，点亮的投射灯熄灭。如果不正常，检查接线和程序后再重复调试。

④ 在手动状态下，分别按下东西和西东按钮，观察摆杆的运动状态。当按下停止按钮时，摆杆停止运动，观察摆杆在极限位置是否停止运动。如果摆杆运动状态不正常，检查接线和程序后再重复调试。

⑤ 在自动状态下，按下启动按钮时，投射灯1或投射灯2亮，摆杆作东西向运动，光伏电池方阵跟踪投射灯运动；当摆杆运动到东西向极限位置时，摆杆作西东向运动，光伏电池方阵跟踪投射灯运动。如果上述运动不正常，重点检查程序。

3.3.5 小结

① 光伏电池组件光源跟踪控制涉及到电子技术、自动控制、机械设计、传感器与检测技术、低压电器及 PLC 技术应用等知识，是典型的综合性实训项目。

② 光伏电池组件光源跟踪控制的目的是使光伏电池组件跟踪光源以获取较大的光能、输出较大的电能。

③ 为了使学生能够深入理解光伏电池组件光源跟踪控制方法，建议在实训之前，指导教师自行定义 S7-200 CPU226 PLC 的配置。

3.4 光伏电池的输出特性

3.4.1 实训的目的和要求

(1) 实训的目的

① 通过实训了解光伏电池的 I-U 特性。

② 通过实训了解光伏电池的输出功率特性。

(2) 实训的要求

① 利用光伏供电装置和光伏供电系统，实际测量光伏电池组件的 I-U 特性。

② 绘制光伏电池组件的 I-U 特性曲线和输出功率曲线。

3.4.2 基本原理

光伏电池的短路电流 I_{SC} 和开路电压 U_{OC} （又称为空载电压）是描述光伏电池输出特性的两个重要的参数。

(1) 光伏电池的短路电流 I_{SC}

光伏电池的短路电流是将光伏电池置于标准光源的照射下（见附录 A 的相关国家标准），输出短路时流过光伏电池两端的电流。短路电流 I_{SC} 与光伏电池的 PN 结面积有关，光伏电池的 PN 结面积越大，短路电流 I_{SC} 越大。光伏电池的短路电流 I_{SC} 与入射光谱辐射照度成正比。当环境温度升高时，短路电流 I_{SC} 略有上升。一般环境温度每升高 1℃，短路电流 I_{SC} 约上升 78μA。

(2) 光伏电池的开路电压 U_{OC}

光伏电池的开路电压是将光伏电池置于特定的太阳光照强度和环境温度下，输出开路时光伏电池的输出电压。光伏电池的开路电压与光谱辐照度有关，与光伏电池的 PN 结面积无关。当入射光谱辐照度变化时，光伏电池的开路电压 U_{OC} 与入射光谱辐照度的对数成正比。环境温度升高时，光伏电池的开路电压 U_{OC} 将下降，一般环境温度升高 1℃，光伏电池的开路电压 U_{OC} 将下降 3～5mV。

(3) 光伏电池的输出特性曲线

在特定的太阳光照强度和环境温度下，光伏电池的负载 R_L 的阻值从 0 逐渐变化到无穷大时，可以得到光伏电池的输出特性曲线即光伏电池的 I-U 特性曲线，如图 3-2 所示。将 I-U 特性曲线上各工作点所对应的光伏电池的输出电压值和电流值相乘，得到光伏电池的输出

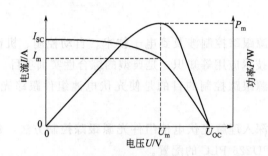

图 3-2 光伏电池的输出特性曲线

功率曲线。光伏电池的 I-U 特性曲线和光伏电池的输出功率曲线是两条非线性曲线，当调节负载 R_L 的电阻为某一值时，光伏电池输出的功率为最大值，此工作点为光伏电池的最大功率点。该工作点所对应的功率称为最大功率点功率 P_m，该工作点所对应的光伏电池输出电压称为最大功率点电电压 U_m，该工作点所对应的光伏电池输出电流称为最大功率点电流。

光伏电池的输出特性曲线对于分析光伏电池的特性是非常重要的，可以看出光伏电池是一个既非恒压源又非恒流源的非线性直流电源。

3.4.3 实训内容

调整光伏电池方阵与投射灯1、灯2的位置，改变光伏电池方阵负载的阻值，记录光伏电池方阵的输出电压值和电流值，绘制光伏电池的 I-U 特性曲线和输出功率曲线。

3.4.4 操作步骤

(1) 使用的器材和工具

① 光伏供电装置，数量：1 台。

② 光伏供电控制单元，数量：1 个。

③ 光伏电源控制单元，数量：1 个。

④ 可调电位器，1000Ω/100W，数量：1 个。

⑤ 万用表，数量：1 块。

⑥ 十字型螺丝刀和一字型螺丝刀，数量：各1把。

(2) 操作步骤

① 利用光伏电池组件光源跟踪手动控制程序。在光伏供电控制单元上分别按下东西按钮和西东按钮，调节光伏供电装置的摆杆处于垂直状态。分别按下向东按钮、向西按钮、向北按钮和向南按钮，调节光伏电池方阵的位置，使光伏电池方阵正对着投射灯。

② 光伏电池方阵的负载是 1000Ω/50W 的可调电位器，将可调电位器的阻值调为0，按下灯1按钮，灯1亮。记录此时直流电压表和直流电流表（显示光伏电池方阵输出的电压和电流值），直流电压表显示 0V，直流电流表显示的电流数值是光伏电池方阵的短路电流。

③ 将可调电位器的旋钮顺时针旋转到 50Ω 左右的刻度位置，记录直流电压表和直流电流表（显示光伏电池方阵输出的电压和电流值）。然后可调电位器每增加 50Ω 左右的阻值时，记录一次直流电压表和直流电流表（显示光伏电池方阵输出的电压和电流值），直到可

调电位器的阻值增大到 1000Ω 为止，此时直流电流表显示 0A，直流电压表显示的电压数值可以作为光伏电池方阵的开路电压。

④ 将上述记录的各组光伏电池方阵输出的电压值和电流值在图 3-3 坐标中绘出相应的坐标位置，然后绘制光伏电池方阵的 I-U 特性曲线。

⑤ 将各组光伏电池方阵输出的电压值和电流值相乘，结果在图 3-3 坐标中绘出相应的坐标位置，然后绘制光伏电池方阵的输出功率曲线。

⑥ 在投射灯 1 和灯 2 都通电点亮的情况下，重复②～⑤过程。

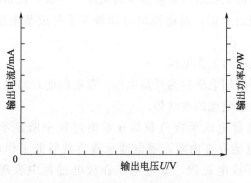

图 3-3　光伏电池方阵的输出特性坐标

3.4.5　小结

① 光伏电池、光伏组件和光伏电池方阵的输出特性是非线性的。

② 在投射灯 1 通电点亮、灯 1 和灯 2 都通电点亮的不同情况下，光伏电池方阵输出特性和输出功率特性是不同的。

③ 光伏组件或光伏电池方阵的负载如何获取最大功率是需要进一步研究和解决的重要问题。

3.5　蓄电池的充电特性和放电保护

3.5.1　实训的目的和要求

(1) 实训的目的

① 了解 DSP 控制器对蓄电池的脉宽调制充电过程。

② 了解 DSP 控制器对蓄电池的放电保护过程。

(2) 实训的要求

① 实测 DSP 控制器对蓄电池的脉宽调制充电波形。

② 通过触摸屏的模拟充电菜单，在不同的蓄电池电压和光伏电池方阵输出电压变化的条件下，用示波器检测控制器充电的脉宽调制波形。

3.5.2　基本原理

铅酸蓄电池、镉镍蓄电池、氢镍蓄电池和锂离子蓄电池是工程中常用的蓄电池。其中，铅酸蓄电池已有 150 多年历史。铅酸蓄电池技术成熟，成本低廉，负荷输出特性好，缺点是质量大，需要维护，充电速度慢。铅酸蓄电池的性能在近代有了改进，主要标志是 20 世纪 70 年代发展的阀控密封式铅酸蓄电池（Valve-Regulated Lead Acid，简称 VRLA）。VRLA 蓄电池整体采用密封结构，使用安全可靠、能量高、容量大、使用方便，正常运行时无需对电解液进行检测和调酸加水。

3.5.2.1　蓄电池的主要性能参数

（1）蓄电池的电动势

蓄电池的电动势在理论上是输出能量多少的量度。一般，在相同的条件下，电动势高的蓄电池输出的能量大。理论上讲，蓄电池的电动势等于组成蓄电池的两个电极的平衡电势之差。

（2）蓄电池的开路电压与工作电压

蓄电池在开路状态下的端电压称为开路电压。蓄电池的开路电压等于其正极电势与负极电势之差，在数值上等于蓄电池的电动势。

蓄电池的工作电压是蓄电池承接负载后在放电过程中所显示的电压，也称为负载电压或放电电压。由于蓄电池存在内阻，蓄电池承接负载后的工作电压往往低于开路电压。蓄电池承接负载时是处于放电过程，放电电压在放电过程中表现出来的平稳性表征蓄电池工作电压的精度。蓄电池工作电压随放电时间变化的曲线称为放电曲线，其数值及平稳程度依赖于放电条件，在高速率、低温条件下放电时，蓄电池的工作电压将减低，平稳程度也随之下降。

（3）蓄电池的容量

蓄电池在一定放电条件下所能给出的电量称为蓄电池的容量，常用单位是安培小时，简称 A·h（安时）。根据不同的计量条件，蓄电池的容量又分为理论容量、额定容量、实际容量和标称容量。

① 理论容量是蓄电池中活性物质的质量按法拉第定律计算得到的最高理论值，常用比容量的概念，即单位体积或单位质量蓄电池所能给出的理论电量，单位是 A·h/kg 或 A·h/L。

② 额定容量也称为保证容量，是按国家有关部门颁布的保证蓄电池在规定的放电条件下应该放出的最低限度的容量。

③ 实际容量是指蓄电池在一定条件下实际所能够输出的电量，它在数值上等于放电电流与放电时间的乘积，其值小于理论容量。蓄电池在放电过程中，其活性物质不能完全被有效利用，蓄电池中不参加反应的导电部件也要消耗电能。蓄电池的实际容量与蓄电池的正、负极活性物质的数量与利用的程度有关。活性物质的利用率主要受放电模式和电极结构等因数影响，放电模式是指放电速率、放电形式、终止电压和温度。电极结构是指电极高宽比例、厚度、孔隙率和导电栅网的形式。放电速率简称放电率，常用时率和倍率表示。时率是以放电时间表示的放电速率，以某电流值放电至规定终止电压所经历的时间。倍率是指蓄电池放电电流的数值为额定容量数值的倍数。终止电压是指蓄电池放电时电压下降到不宜再继续放电时的最低工作电压。

④ 标称容量是判别蓄电池容量大小的近似安时值，只标明蓄电池的容量范围而不是确切数值。在没有指定放电条件下，蓄电池的容量是无法确定的。

（4）蓄电池内阻

蓄电池放电时，电流通过蓄电池内部，要受到活性物质、电解质、隔膜、电极接头等多种阻力，使得蓄电池的电压降低，这些阻力的总和称为蓄电池的内阻。蓄电池内阻不是常数，在放电过程中随时间不断变化。一般，大容量蓄电池内阻小，低倍率放电时，蓄电池内阻较小；在高倍率放电时，蓄电池内阻增大。

蓄电池的内阻包括欧姆电阻和极化内阻。欧姆电阻遵守欧姆定律，极化内阻不遵守欧姆定律，它随电流密度增加而增大，呈非线性关系。

① 欧姆电阻主要体现在蓄电池内部的导电部件的电阻，如电极材料、电解液、隔膜的电阻，以及各部分零件的接触电阻组成。

② 极化内阻是指在蓄电池正、负极进行电化学反应时极化引起的内阻，它与活性物质的特性、电极结构形式及其制造工艺有关，尤其与蓄电池的运行工作条件有关，如放电电流和温度。当通以大电流时，电化学极化和浓度极化增加，可能引起负极的钝化。低温对极化和离子扩散会产生不利影响，因而在低温条件下蓄电池的内阻增加。

③ 隔膜材料是绝缘体。隔膜电阻不是指材料本身的电阻，而是指隔膜的孔隙率、孔径和孔的曲折程度对离子迁移产生的阻力，即电流通过隔膜时微孔中的电解液的电阻。隔膜微孔结构中充满电解液，电解液中的离子通过孔隙进行迁移而导电，因此蓄电池的隔膜电阻越小越好。

（5）蓄电池的能量

蓄电池的能量是指蓄电池在一定的放电条件下，蓄电池所能给出的电能，通常用 W·h（瓦时）表示。蓄电池的能量分为理论能量和实际能量。

① 蓄电池的理论能量 W_T 可用理论容量 C_T 与电动势 E 的乘积表示，即

$$W_T = C_T E$$

② 蓄电池的实际能量 W_R 是指蓄电池在一定的放电条件下的实际容量 C_R 与平均工作电压 U_R 的乘积，即

$$W_R = C_R U_R$$

（6）蓄电池功率和比功率

① 蓄电池功率是指蓄电池在一定的放电条件下，单位时间内所给出能量的大小，单位是 W（瓦）或 kW（千瓦）。

② 蓄电池比功率是单位质量蓄电池所能给出的功率，单位是 W/kg 或 kW/kg。蓄电池比功率越大，表示可以承受的放电电流越大。

（7）蓄电池的输出功率

蓄电池的输出功率也称为充电效率。蓄电池充电时把太阳能电池发出的电能转化为化学能储存起来，放电时把化学能转化为电能，输出供给负载。蓄电池在工作过程中有一定的能量消耗，通常用容量输出效率和能量输出效率表示。

容量输出效率 η_C 是指蓄电池放电时输出的电量与充电时输入的电量之比，即

$$\eta_C = \frac{C_{dis}}{C_{ch}} \times 100\%$$

式中　C_{dis}——放电时输出的电量；

　　　C_{ch}——充电时输入的电量。

能量输出效率 η_Q 也称电能效率，是指蓄电池放电时输出的能量与充电时输入的电能之

比，即

$$\eta_Q = \frac{Q_{sis}}{Q_{ch}} \times 100\%$$

式中 Q_{dis}——放电时输出的电能；

Q_{ch}——充电时输入的电能。

影响蓄电池输出效率的主要原因是蓄电池存在内阻，内阻使充电电压增加，放电电压降低，内阻消耗的能量以热的形式释放。

3.5.2.2 蓄电池的基本特性

（1）使用寿命

蓄电池的有效寿命期称为使用寿命。蓄电池的使用寿命包括使用期限和使用周期。使用期限指包括存放时间内蓄电池可供使用的时间；使用周期指蓄电池可以重复使用的次数。蓄电池每经受一次全充电和全放电过程称之为一个周期或一个循环，蓄电池的寿命有效期包括所经受的循环寿命。

（2）蓄电池的自放电

蓄电池的自放电是指蓄电池在存储期间容量逐渐减少的现象。

（3）蓄电池的运行方式

根据使用要求，同型号的蓄电池可以串联、并联或串并联使用。蓄电池有三种方式运行：循环充放电、连续浮充和定期浮充。

① 循环充放电属于全放全充型方式。这种方式使得蓄电池寿命减短。

② 连续浮充称为全浮充。光伏电池输出的直流电加在蓄电池电极两端，当蓄电池电压低于光伏电池输出的直流电，蓄电池被充电；当光伏电池输出的直流电低或没有电时，启用蓄电池对负载供电。

③ 定期浮充称为半浮充，部分时间由光伏电池输出的直流电直接向负载供电，部分时间由蓄电池向负载供电，蓄电池定期补充放出的容量。

蓄电池连续浮充和定期浮充的使用寿命比使用循环充放电制的使用寿命长，连续浮充制比定期浮充制合理。

（4）蓄电池的充电

蓄电池的充电方式可以分为恒流充电、恒压充电、恒压限流和快速充电。

① 恒流充电是以恒定不变的电流进行充电。其不足之处是开始充电阶段恒流值比可充值小，充电后期恒流值比可充值大。恒流充电适合蓄电池串联的蓄电池组。分段恒流充电是恒流充电的变形，在充电后期把充电电流减小。

② 恒压充电是对单体蓄电池以恒定电压充电。充电初期电流很大，随着充电进行，电流减小，充电终止阶段只有很小的电流。其缺点是在充电初期，如果蓄电池放电深度过深，充电电流会很大，会危及充电器的安全，蓄电池也可能因过流而受到损坏。

③ 恒压限流是在充电器与蓄电池之间串联一个电阻。当电流大时，电阻上的压降也大，从而减小了充电电压；当电流小时，电阻上的压降也小，充电器输出压降损失就小，这样就自动调整了充电电流。

④ 快速充电是使电流以脉冲形式输出给蓄电池，蓄电池有一个瞬时间的大电流放电，使其电极去极化，在短时间内充足电。

(5) 蓄电池的充电控制方法

蓄电池的充电过程一般分为主充、慢充和浮充。主充一般是快速充电，脉冲式充电是常见的主充模式，恒流充电模式称为慢充，恒压充电模式称为浮充。蓄电池充电至80%～90%容量后，一般转为浮充模式。

3.5.3 实训内容

① 蓄电池的实际充电检测。
② 蓄电池的模拟充电。

3.5.4 操作步骤

(1) 蓄电池的实际充电检测

① 关闭投射灯1和投射灯2，光伏电池组件输出电压低于蓄电池电压，无法给蓄电池充电。将示波器的A通道（或是B通道）检测探头分别接到DSP控制单元的JP10-2和0V上，得到如图3-4所示的波形，该波形表示不充电。

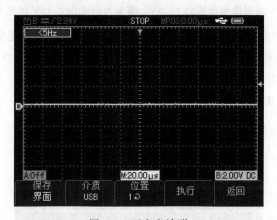

图3-4 不充电波形

② 打开投射灯1和投射灯2，光伏电池组件输出电压约为18V左右，蓄电池的电压低于13.5V。将示波器的A通道（或是B通道）检测探头分别接到DSP控制单元的JP10-2和0V上，测到如图3-5所示的波形，该波形表示充电。

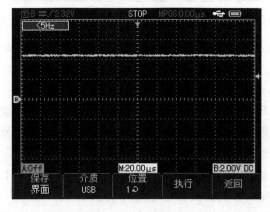

图3-5 充电波形

（2）蓄电池的模拟充电

① 选择光伏模拟电压值为 13.5V，蓄电池的模拟电压选择为 15V，将示波器的 A 通道（或是 B 通道）检测探头分别接到 DSP 控制单元的 JP10-4 和 0V 上，测到如图 3-6 所示的波形。由于蓄电池电压高于光伏电池组件电压，该波形表示不充电。

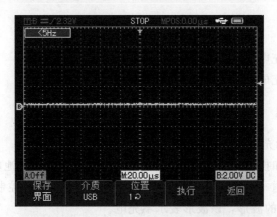

图 3-6　太阳能电压值为 13.5V、蓄电池的电压为 15V 的充电波形

② 通过触摸屏的"光伏模拟电压设定值"下拉菜单和"蓄电池模拟电压设定值"下拉菜单，选择光伏模拟电压值为 11.5V，蓄电池的模拟电压选择为 9V，将示波器的 A 通道（或是 B 通道）检测探头分别接到 DSP 控制单元的 JP10-4 和 0V 上，测到如图 3-7 所示的波形。由于光伏电池组件电压值较低，该波形表示不充电。

图 3-7　光伏模拟电压值为 11.5V、蓄电池的模拟电压选择为 9V 的波形

③ 选择光伏模拟电压值为 13.5V，蓄电池的模拟电压选择为 9V，将示波器的 A 通道（或是 B 通道）检测探头分别接到 DSP 控制单元的 JP10-4 和 0V 上，测到如图 3-8 所示的波形，该波形表示充电。

④ 选择光伏模拟电压值为 15V，蓄电池的模拟电压选择为 9V 或 11.5V，将示波器的 A 通道（或是 B 通道）检测探头分别接到 DSP 控制单元的 JP10-4 和 0V 上，测到如图 3-9 所示的波形。由于光伏电池组件电压值较高，该波形表示 PWM 充电，占空比大。

⑤ 选择太阳能电压值为 18V，蓄电池的电压选择为 9V 或是 11.5V，将示波器的 A 通道（或是 B 通道）检测探头分别接到 DSP 控制单元的 JP10-4 和 0V 上，测到如图 3-10 所示的波形。由于光伏电池组件电压值高，该波形表示 PWM 充电，占空比减小。

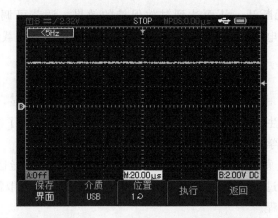

图 3-8　光伏模拟电压值为 13.5V、蓄电池的模拟电压选择为 9V 的波形

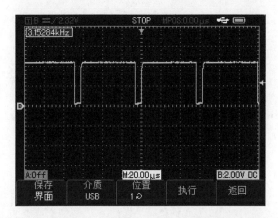

图 3-9　光伏模拟电压值为 15V、蓄电池的模拟电压选择为 9V 或 11.5V 的波形

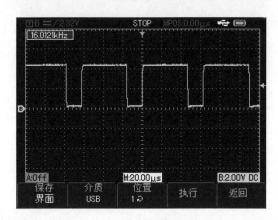

图 3-10　光伏模拟电压值为 18V、蓄电池的模拟电压选择为 9V 或 11.5V 的波形

(3) 蓄电池的放电保护

在实训过程中，蓄电池电压放电的变化比较缓慢，不一定能达到蓄电池过放保护的条件。为了了解蓄电池过放保护的过程，可以用可调直流电源来模拟蓄电池的电压变化。

将接口单元 J10-1、J10-2 的引线拆下，将可调直流电源接线接入到接口单元 J10-1、J10-2（注意不要让两根引线短路，避免损坏蓄电池）。将可调直流电源的电压调到 15V 左右，逐渐下降，当可调直流电源的电压降到 10V 左右的时候，继电器 K13 吸合，指示灯亮，蓄电池与逆变负载单元断开，从而达到过放保护的效果。调节可调直流电源电压上升到11.5V左右的时候，继电器K13断开，指示灯灭，蓄电池恢复对负载的供电。

3.5.5 小结

① 在实训过程中，由于蓄电池在较短的时间内能量消耗不明显，因此，充电过程的变化也不明显。为了使学生能够了解蓄电池的充电过程，本实训提供了模拟充电过程，通过该过程的学习，可以使同学有所收获。

② 在实训过程中，蓄电池电压放电的变化比较缓慢，不一定能达到蓄电池过放保护的条件。为了了解蓄电池过放保护的过程，可以用可调直流电源来模拟蓄电池的电压变化，观察蓄电池的放电保护过程。

第 4 章

风力供电装置实训

4.1 水平轴永磁同步风力发电机组装

4.1.1 实训的目的和要求

(1) 实训的目的
① 通过实训了解水平轴永磁同步风力发电机的组成。
② 通过实训掌握水平轴永磁同步风力发电机的安装。
(2) 实训的要求
完成 300W 水平轴永磁同步风力发电机组装。

4.1.2 基本原理

风力发电机是一种将风能转换为电能的能量转换装置,由风力机和发电机两部分组成。空气流动的动能作用在风力机风轮叶片上,推动风轮旋转,将空气流动的动能转变成风轮旋转的机械能。风力机风轮的轮毂固定在风力发电机的机轴上,通过传动驱动发电机轴及转子旋转,发电机将机械能转变成电能。

小型永磁同步风力发电机结构简单,主要由风轮、发电机、尾舵、机舱、塔架和基础等组成。

4.1.3 实训内容

将风轮叶片、轮毂、发电机、尾舵、尾舵梁、侧风偏航机构、机舱、塔架和基础组装成水平轴永磁同步风力发电机组。

4.1.4 操作步骤

(1) 使用的器材和工具
① 风轮叶片,数量:3 片。
② 轮毂,数量:1 个。
③ 发电机,数量:1 个。

④ 尾舵、尾舵梁、侧风偏航机构，数量：各1个。

⑤ 机舱，数量：1个。

⑥ 塔架、基础，数量：各1个。

⑦ 内六角扳手，数量：1套。

(2) 操作步骤

① 将发电机安装在机舱内。

② 安装轮毂和风轮叶片。

③ 将基本成型的风力发电机安装在塔架上。

④ 将侧风偏航机构装在尾舵梁上，尾舵梁另一端固定在机舱上并装上尾舵。

4.1.5 小结

(1) 风轮

风轮一般由2～3个叶片和轮毂组成。叶片多为玻璃纤维增强复合材料。轮毂是叶片根部与主轴的连接件，从叶片传来的力通过轮毂传到驱动的对象。轮毂有刚性轮毂和铰链式轮毂。刚性轮毂制造成本低、维护少、没有磨损。三叶片风轮一般采用刚性轮毂，是使用广泛的一种形式。

(2) 发电机

发电机是风力发电机重要的部件。叶片接受风能而转动，带动发电机将风能转变成电能。小型风力发电机的风轮和发电机之间多采用直接相连。小型风力发电机的发电机主要采用交流永磁发电机、感应式发电机和直流发电机。永磁发电机无励磁损耗，效率高。永磁发电机转子结构按磁路结构的磁化方向可分为径向式、切向式和轴向式三种类型，国内批量生产的永磁发电机多采用切向式结构，这种结构制造工艺简单，可以做成较多的磁极，便于和风轮直连。

(3) 尾舵

尾舵的作用是保持风轮和风向垂直。小型风力发电机多采用尾舵达到对风的目的，尾舵调向结构简单，调向可靠。尾舵由尾舵梁固定，尾舵梁另一端固定在机舱上。

(4) 机舱

机舱是发电机、风轮和发电机之间传动机构的防护装置。

(5) 塔架

塔架是用于支撑风力发电机的质量，承受吹向风力发电机和塔架的风压以及风力发电机运行中的动负载。

4.2 模拟风场装置组装

4.2.1 实训的目的和要求

(1) 实训的目的

① 通过实训了解模拟风场装置的组成。

② 通过实训掌握模拟风场装置的安装。

(2) 实训的要求

完成模拟风场装置的安装。

4.2.2 基本原理

风力发电机的风轮受风旋转，带动发电机输出电能。风场是风力发电的源动力。风的大小和方向有随机性，实验室的风力发电装置需要提供合理的模拟风场。

(1) 风力等级

风力等级简称风级，是风强度的一种表示方法。国际上采用的是英国人蒲福于 1805 年所拟定的风级，称为蒲福风级，从静风到飓风分为 13 级，如表 4-1 所示。

表 4-1 蒲福风级表

风力等级	名称	相当于地面 10m 高处的风速/(m/s)	陆上地物征象
0	静风	0.0～0.2	静,烟直上
1	软风	0.3～1.5	烟能表示风向,树叶略有摇动
2	软风	1.6～3.3	人面感觉有风,树叶略有摇动
3	微风	3.3～5.4	树叶及小枝摇动不息,旗子展开,高的摇动不息
4	和风	5.5～7.9	能吹起地面灰尘和纸张,树枝动摇,高的草呈波浪起伏
5	清劲风	8.0～10.7	有叶子的小树摇摆,内陆的水面有小波,高的草波浪起伏明显
6	强风	10.8～13.8	大树枝摇动,电缆线呼呼有声,撑伞困难
7	疾风	13.9～17.1	全树摇动,大树枝弯下来,迎风前行感觉阻力大
8	大风	17.2～20.7	可折毁小树枝,人迎风前行感觉阻力大
9	烈风	20.8～24.4	草房遭受破坏,屋瓦被掀起,大树枝可折断
10	狂风	24.5～28.4	树木可被吹倒,一般建筑物遭破坏
11	暴风	28.5～32.6	大树可被吹倒,一般建筑物遭破坏
12	飓风	>32.6	陆上少见,其摧毁力极大

(2) 风向

风向一般用 16 个方位表示，即北东北（NNE）、东北（NE）、东东北（ENE）、东（E）、东东南（ESE）、东南（SE）、南东南（SSE）、南（S）、南西南（SSW）、西南（SW）、西西南（WSW）、西（W）、西西北（WNW）、西北（NW）、北西北（NNW）、北（N）。风向也可以用角度来表示，以正北为基准，顺时针方向旋转，东风为 90℃，南风为 180℃，西风为 270℃，北风为 360℃。

(3) 模拟风场

① 模拟风场由轴流风机、轴流风机框罩、测速仪、风场运动机构、风场运动机构箱、单相交流电动机、电容器、连杆、滚轮、万向轮、微动开关、护栏组成。

② 轴流风机安装在轴流风机框罩内，轴流风机框罩安装在风场运动机构上，轴流风机

提供可变风源。

③ 风场运动机构由传动齿轮链机构组成，单相交流电动机和风场运动机构安装在风场运动机构箱中，风场运动机构箱与风力发电机塔架用连杆连接。当单相交流电动机旋转时，传动齿轮链机构带动滚轮运动，风场运动机构箱围绕风力发电机的塔架作圆周旋转运动。当轴流风机输送可变风量风时，在风力发电机周围形成风向和风速可变的风场。

④ 测速仪安装在风力发电机与轴流风机框罩之间，用于检测模拟风场的风量。

⑤ 万向轮支撑风场运动机构。

⑥ 微动开关用于风场运动机构限位。

4.2.3　实训内容

① 完成模拟风场装置的组装。

② 整理轴流风机、轴流风机支架、单相交流电动机、测速仪、测速仪支架、接近开关和微动开关的电源线、信号线和控制线，根据CON9、CON11和CON12接插座图，将电源线、信号线和控制线接在相应的接插座中。

4.2.4　操作步骤

(1) 使用的器材和工具

① 轴流风机框罩、风场运动机构箱、连杆、护栏，数量：各1个。

② 轴流风机，AC220V/370W；轴流风机支架，数量：各1个。

③ 单相交流电动机，AC220V/90W，减速比1∶140，数量：1个。

④ 电容器，47μF/450V，数量：1个。

⑤ 风场运动机构：齿轮，数量：2个；链条，数量：1根。

⑥ 滚轮，数量：1个。

⑦ 万向轮，数量：2个。

⑧ 测速仪，输出：0～+5V，数量：1个。

⑨ 微动开关，数量：2个。

⑩ 接插座，数量：3个。

⑪ 万用表，数量：1块。

⑫ 电烙铁、热风枪，数量：各1把。

⑬ 螺丝、螺母若干。

⑭ 连接线、热缩管若干。

⑮ 内六角扳手，数量：1套。

(2) 操作步骤

① 将单相交流电动机、电容器安装在风场运动机构箱内，再将滚轮、万向轮安装在风场运动机构箱底部。

② 用齿轮和链条连接单相交流电动机和滚轮。

③ 将轴流风机安装在轴流风机支架上，再将轴流风机和轴流风机支架安装在轴流风机框罩，然后将轴流风机框罩安装在风场运动机构箱上，要求紧固件不松动。

④ 在风力发电机塔架座上安装2个微动开关。

⑤ 用连杆将风场运动机构箱与风力发电机塔架座连接起来。

⑥ 根据风力供电主电路电气原理图和接插座图,焊接轴流风机、单相交流电动机、电容器、微动开关的引出线,引出线的焊接要光滑、可靠,焊接端口使用热缩管绝缘。

⑦ 整理上述焊接好的引出线,将电源线、信号线和控制线接在相应的接插座中,接插座端的引出线使用管型端子和接线标号。

4.2.5 小结

① 模拟风场装置有几个重要组成部分:轴流风机、风场运动机构和测速仪。

模拟风场是风力发电机的源动力,风量可变的风源由轴流风机提供,风向可变由风场运动机构完成。测速仪用于测量风量,提供进行侧风偏航的信息。

② 微动开关是用于确定风场运动机构在移动中的位置,起到定位和保护作用。

③ 模拟风场装置的动作是由风力供电系统来控制完成的。

4.3 侧风偏航装置组装

4.3.1 实训的目的和要求

(1) 实训的目的

① 通过实训了解风力发电机被动偏航和主动偏航的原理。

② 通过实训了解水平轴永磁同步风力发电机被动偏航中侧风偏航装置的结构。

(2) 实训的要求

① 完成水平轴永磁同步风力发电机侧风偏航齿轮传动装置的组装。

② 完成水平轴永磁同步风力发电机侧风偏航传感器的安装。

4.3.2 基本原理

(1) 偏航控制系统

偏航控制系统一般分为两类:被动迎风偏航系统和主动迎风偏航系统。被动偏航系统多用于小型风力发电机,当风向改变时,风力发电机通过尾舵进行被动对风。主动迎风偏航系统多用于大型风力发电机,由风向标发出的风向信号进行主动对风控制。由于风向经常变化,被动迎风偏航系统和主动迎风偏航系统都是通过不断转动风力发电机的机舱,让风力机叶片始终正面受风,增大风能捕获率。

小型风力发电机多采用尾舵达到对风的目的。自然界风速的大小和方向在不断地变化,因此风力发电机必须采取措施适应这些变化。尾舵的作用是使风轮能随风向的变化而作相应的转动,以保持风轮始终和风向垂直。尾舵调向结构简单,调向可靠,至今还广泛应用于小型风力发电机的调向。尾舵由尾舵梁固定,尾舵梁另一端固定在机舱上,尾舵板一直顺着风向,所以使风轮也对准风向,达到对风的目的。

(2) 侧风偏航控制系统

风力发电机风轮叶片在气流作用下产生力矩,驱动风轮转动,通过轮毂将扭矩输入到传导系统。定桨距风轮在风轮转速恒定的条件下,风速增加超过额定风速时,如果风流与叶片

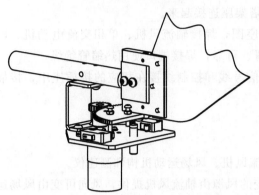

图 4-1 侧风偏航控制机构

分离,叶片将处"失速"状态,输出功率降低,发电机不会因超负荷而烧毁。变桨距风轮可根据风速的变化调整气流对叶片的攻角,当风速超过额定风速后,输出功率可稳定地保持在额定功率上,特别是在大风情况下,风力机处于顺桨状态,使桨叶和整机的受力状况大为改善。

小型风力发电机多采用定桨距风轮。本实训的风力发电系统安装了自发研制的侧风偏航控制机构,如图 4-1 所示。当测速仪检测到风场的风量超过安全值时,侧风偏航控制机构动作,使尾舵侧风,风力发电机风轮叶片将处于"失速"状态,风轮转速变慢,确保风力发电机输出稳定的功率。当风场的风量过大时,尾舵侧风 90°,风轮转速极低,风力发电机处于制动状态,保护发电机的安全。

4.3.3 实训内容

① 完成侧风偏航装置的组装。

② 整理直流电动机、接近开关和微动开关的电源线、信号线和控制线,根据 CON10 接插座图,将电源线、信号线和控制线接在接插座中。

4.3.4 操作步骤

(1) 使用的器材和工具

① 尾舵板,数量:1 块。

② 尾舵梁,数量:1 根。

③ 尾舵铰链,数量:1 个。

④ 安装板,安装板支撑架,数量:各 1 块。

⑤ 传动小齿轮(减速),数量:1 副。

⑥ 直流电动机,DC24V,数量:1 个。

⑦ 接近开关,数量:1 个;微动开关,数量:2 个。

⑧ 接插座,数量:1 个。

⑨ 万用表,数量:1 块。

⑩ 电烙铁、热风枪,数量:各 1 把。

⑪ 螺丝、螺母若干。

⑫ 连接线、热缩管若干。

(2) 操作步骤

① 将安装板固定在安装板支撑架上,然后将直流电动机安装在安装板下方,再将小齿轮安装在直流电动机的轴上,最后,将安装板支撑架固定在尾舵梁上。要求紧固件不松动。

② 将接近开关和微动开关安装在安装板上。要求紧固件不松动。

③ 将传动齿轮中的大齿轮装在尾舵铰链底部,再将尾舵铰链安装在尾舵梁上。要求紧

固件不松动。

④ 根据 CON10 接插座图，焊接直流电动机、接近开关和微动开关的引出线。引出线的焊接要光滑、可靠，焊接端口使用热缩管绝缘。

⑤ 整理焊接好的引出线，将电源线、信号线和控制线接在 CON10 接插座中。接插座端的引出线使用管型端子和接线标号。

4.3.5 小结

① 不论是小型风力发电机还是大型风力发电机，偏航控制系统是风力发电系统中重要的控制环节。

② 当风速超过额定风速时，侧风偏航控制系统可以起到保护风力发电机的作用。

③ 当风速在额定风速以下时，利用侧风偏航可以使风力发电机保持最佳叶尖速比，从而获得最佳风能利用系数，最大限度地捕获风能，提高风力发电机的发电效率。当风速高于额定风速时，通过侧风偏航控制风力发电机保持相对恒定的功率输出。

第 5 章

风力供电系统实训

5.1 风力供电系统接线

5.1.1 实训的目的和要求

(1) 实训的目的
① 通过实训理解风力供电系统的基本组成。
② 通过实训理解风力供电系统的工作原理。

(2) 实训的要求
① 将风电电源控制单元、风电输出显示单元、风力供电控制单元、S7-200 CPU224 PLC 的接线从网孔板上拆除，根据风力供电系统相关电气原理图重新接线。
② 接线的线径、颜色选择合理，接线要有标号，叉型端子和管型端子处不露铜。
③ 接地线选择黄绿色线，接线要可靠。

5.1.2 基本原理

该实训的基本原理可阅读第 1 章 1.2 节的相关内容。

5.1.3 实训内容

① 风电电源控制单元的接线。
② 风电输出显示单元的接线。
③ 风力供电控制单元的接线。
④ S7-200 CPU224 PLC 的接线。

5.1.4 操作步骤

(1) 使用的器材和工具
① 风电电源控制单元，数量：1 台。
② 风电输出显示单元，数量：1 个。
③ 风力供电控制单元，数量：1 个。

④ S7-200 CPU224 PLC,14个输入、10个继电器输出,数量:1个。

⑤ 万用表,数量:1块。

⑥ 十字型螺丝刀和一字型螺丝刀,数量:各1把。

⑦ 套管打码机,数量:1台。

⑧ 叉型端子、管型端子、接线、套管若干。

(2) 操作步骤

建议按下面的顺序接线。

① 风电电源控制单元的接线。光伏电源控制单元的作用是向风力供电装置和风力供电系统提供+24V的电源,有4根接线,0.75mm² 红色线和0.75mm² 黑色线用于AC220V的L和N,1mm² 红色线和1mm² 白色线用于+24V和0V。

② 风电输出显示单元的接线。风电输出显示单元的作用是显示风力发电机输出经整流后的电压和电流值,有12根接线,0.75mm² 红色线和0.75mm² 黑色线用于AC220V的L和N,用于通信以外的接线可选用0.5mm² 蓝色线。

③ 风力供电控制单元的接线。风力供电控制单元是控制风力供电装置动作的操作控制盒,有15根接线,+24V的接线选用0.5mm² 红色线,0V的接线选用0.5mm² 白色线,其余均可选用0.5mm² 蓝色线。

④ S7-200 CPU224 PLC 输入输出端口接线。S7-200 CPU224 PLC是控制风力供电装置动作的控制单元,有32根接线,L、N、GND分别使用0.75mm² 的红色、黑色和黄绿色线,1M和2M使用0.5mm² 白色线,1L、2L和3L使用0.5mm² 红色线,其余使用0.5mm² 绿色线。

⑤ 接线工作结束后,根据相关电气原理图,用万用表检测接线是否正确、接线工艺是否符合要求。

5.1.5 小结

① 风力供电系统的设备、器件的安装和接线是风力供电系统运行前的基础工作。

② 设备、器件的安装和接线有其工艺要求,例如线径、线型、颜色、接线端子的选用、标号、布线方式和路径等。

5.2 模拟风场控制程序设计

5.2.1 实训的目的和要求

(1) 实训的目的

① 了解可变风向的控制方法。

② 了解可变风量的控制方法。

(2) 实训的要求

① 可变风向手动控制和自动控制程序的设计。

② 利用变频器进行轴流风机的转速控制。

5.2.2 基本原理

(1) 风力供电控制单元

① 风力供电控制单元的选择开关有两个状态。选择开关拨向左边时,PLC 处在手动控制状态,可以进行可变风向操作。选择开关拨向右边时,PLC 处在自动控制状态,按下启动按钮,PLC 执行可变风向自动控制程序。

② PLC 处在手动控制状态时,按下顺时按钮,PLC 的 Q0.1 输出+24V 电平,顺时按钮的指示灯亮;PLC 的 Q0.6 输出+24V 电平,继电器 KA9 线圈通电,继电器的常开触点闭合,AC220V 电源通过继电器 KA9 和接插座 CON9 提供给风向控制单相交流电机工作,风向控制单相交流电机驱动风场运动机构作顺时圆周运动。

如果按下逆时按钮,PLC 的 Q0.2 输出+24V 电平,逆时按钮的指示灯亮;PLC 的 Q0.7 输出+24V 电平,继电器 KA10 线圈通电,继电器的常开触点闭合,AC220V 电源通过继电器 KA10 和接插座 CON9 提供给风向控制单相交流电机工作,风向控制单相交流电机驱动风场运动机构作逆时圆周运动。

顺时按钮和逆时按钮在程序上采取互锁关系。

③ PLC 处在自动控制状态时,按下启动按钮时,PLC 运行自动程序,风场运动机构作顺时圆周运动或逆时圆周运动。当风场运动机构作顺时圆周运动接触到顺时限位开关时,顺时限位开关提供给 PLC 的 I1.4 顺时限位信号,风场运动机构作逆时运动;当风场运动机构作逆时圆周运动接触到逆时到位限位开关时,逆时限位开关提供给 PLC 的 I1.5 逆时限位信号,风场运动机构作顺时运动。

④ 可变风量由变频器控制轴流风机实现。手动操作变频器操作面板上的有关按键,使变频器的输出频率在 0~50Hz 之间变化,轴流风机转速在 0 至额定转速范围内变化,实现可变风量输出。

(2) PLC

选用 S7-200 CPU224,继电器输出,输入输出配置见第 1 章表 1-20。

5.2.3 实训内容

① 根据风力供电系统的电气图,检查相关电路的接线。
② 检查 PLC 输入输出的相关接线。
③ 变频器的参数设置。

5.2.4 操作步骤

(1) 使用的器材和工具

① 风力供电装置,数量:1台。
② 风力供电控制单元,数量:1个。
③ 风电电源控制单元,数量:1个。
④ S7-200 CPU224 PLC,14个输入、10个继电器输出,数量:1个。
⑤ 万用表,数量:1块。
⑥ 十字型螺丝刀和一字型螺丝刀,数量:各1把。

(2) 程序设计

根据基本原理中的要求设计程序。

(3) 调试

① 利用万用表检查相关电路的接线。

② 在手动状态下，分别按下顺时或逆时按钮，观察风场运动机构的运动方向，当按下停止按钮时，风场运动机构停止运动。观察风场运动机构在极限位置是否停止运动。如果风场运动机构运动状态不正常，检查接线和程序后再重复调试。

③ 按照变频器的使用手册设置变频器的相应参数。

④ 在变频器的操作面板上选择合适的按键进行操作，使变频器的输出频率在0~50Hz之间变化，观察轴流风机的转速变化。如果轴流风机的转速变化不正常，检查变频器的参数设置并修改，重新调试。如果变频器出现报警号，查阅变频器使用手册报警号的注释，检查线路和变频器的参数，重新调试。

5.2.5 小结

① 可变风向和可变风量是风场的重要参数，该实训涉及到电子技术、自动控制、机械设计、传感器与检测技术、低压电器及PLC技术应用等知识，是典型的综合性实训项目。

② 变频器是应用广泛的电力电子设备，建议在实训之前，熟悉变频器的使用手册。

③ 为了使学生能够深入理解可变风向参数，建议在实训之前，指导教师自行定义S7-200 CPU224 PLC的配置。

5.3 风力发电机侧风偏航控制程序设计

5.3.1 实训的目的和要求

(1) 实训的目的

① 理解风力发电机的偏航原理。

② 理解本实训风力发电机的侧风偏航原理。

(2) 实训的要求

① 设计侧风偏航手动控制程序。

② 设计侧风偏航自动控制程序。

5.3.2 基本原理

① 风力发电机风轮叶片在气流作用下产生力矩，驱动风轮转动，通过轮毂将扭矩输入到传动系统。当风速增加超过额定风速时，风力发电机风轮转速过快，发电机可能因超负荷而烧毁。

对于定桨距风轮，当风速增加超过额定风速时，如果气流与叶片分离，风轮叶片将处于"失速"状态，风力发电机不会因超负荷而烧毁。

对于变桨距风轮，当风速增加时，可根据风速的变化调整气流对叶片的攻角。当风速超过额定风速时，输出功率可稳定地保持在额定功率上。特别是在大风的情况下，风力机处于顺桨状态，使桨叶和整机的受力状况大为改善。

小型风力发电机多数是定桨距风轮，在大风的情况下，采用侧风偏航控制使气流与叶片分离，使风轮叶片处于"失速"状态，安全地保护风力发电机。另外，还可以通过侧风偏航控制风力发电机保持相对的恒定功率输出。

② 在手动状态下，按下侧风偏航按钮，PLC 的 Q1.0 输出＋24V 电平，继电器 KA11 线圈通电，继电器的常开触点闭合，DC12V 电源通过继电器 KA11 和接插座 CON10 提供给侧风偏航直流电动机工作，侧风偏航直流电动机驱动齿轮传动，带动风力发电机的尾翼偏离初始位置（偏航位置）作偏转运动，当偏转到 45°或 90°时（由程序决定），侧风偏航直流电动机停止转动，尾翼停止偏转。

③ 在手动状态下，按下恢复按钮，PLC 的 Q1.1 输出＋24V 电平，继电器 KA12 线圈通电，继电器的常开触点闭合，DC12V 电源极性改变，通过继电器 KA12 和接插座 CON10 提供给侧风偏航直流电动机工作，侧风偏航直流电动机驱动齿轮传动，带动风力发电机的尾翼向初始位置方向偏转，当偏转到初始位置时，侧风偏航直流电动机停止转动，尾翼停止偏转并处在初始位置。

④ 在自动状态下，按下启动按钮，风场工作。控制器检测风速仪的转速信号，当风速超过规定值时，控制器提供给 PLC 的 I1.0 超风速信号（＋24V 电平），风力发电机作侧风偏航运动。当风速从高于规定值降到规定值以下时，风力发电机作撤销侧风偏航运动，尾翼恢复到初始位置。

5.3.3 实训内容

① 设计侧风偏航手动控制程序并调试。
② 设计侧风偏航自动控制程序并调试。

5.3.4 操作步骤

(1) 使用的器材和工具
① 风力供电装置，数量：1 台。
② 风力供电控制单元，数量：1 个。
③ 风电电源控制单元，数量：1 个。
④ S7-200 CPU224 PLC，14 个输入、10 个继电器输出，数量：1 个。
⑤ 万用表，数量：1 块。
⑥ 十字型螺丝刀和一字型螺丝刀，数量：各 1 把。

(2) 程序设计
根据基本原理的要求，设计程序。

(3) 调试
① 利用万用表检查相关电路的接线；设置变频器参数。
② 在手动状态下，按下侧风偏航按钮，观察尾翼动作，如果尾翼不动作。检查接线和程序，重新调试。
③ 风力发电机作侧风偏航运动时，按下停止按钮，侧风偏航运动停止。如果状态不正

常，检查接线和程序，重新调试。

④ 风力发电机在完成侧风偏航运动后，按下恢复按钮，尾翼向初始位置偏转，尾翼到达初始位置时，尾翼停止运动。如果状态不正常，检查接线和程序，重新调试。

⑤ 在尾翼向初始位置偏转的过程中，按下停止按钮时，尾翼停止运动。如果状态不正常，检查接线和程序，重新调试。

⑥ 在自动状态下，调节变频器的频率，改变轴流风机的转速，当PLC接收到超风速信号时，风力发电机作侧风偏航运动。如果状态不正常，检查接线和程序，重新调试。

5.3.5 小结

① 本实训利用侧风偏航保护风力发电机，还可以通过侧风偏航控制风力发电机保持恒定功率输出。

② 对于变桨距风轮，是根据风速的变化调整气流对叶片的攻角，从而保护风力发电机。

③ 对于一些大型非变桨距风力发电机，偏航机构和侧风偏航控制机构安装在风力发电机内部，通过风向仪检测风向信号和风速仪检测风量信号后作偏航和侧风偏航控制。

5.4 风力发电机输出特性测试

5.4.1 实训的目的和要求

（1）实训的目的
① 理解风力发电机输出特性。
② 理解风力发电机输出特性测试方法。
（2）实训的要求
① 实测风力发电机输出特性。
② 利用变频器进行轴流风机的转速控制。

5.4.2 基本原理

功率特性是风力发电机发电能力的一种表述。功率特性是以风速 v_i 为横坐标，以风力发电机输出的净电功率 P_i 为纵坐标的一系列规格化数据对（v_i、P_i）所描绘的特性曲线。图5-1所示是某实际的风力发电机的输出功率特性曲线。功率特性是风力发电机重要的运行特性，功率特性的优劣将影响风力发电机的发电量。

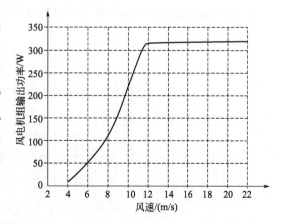

图5-1 风力发电机的输出功率特性曲线

5.4.3 实训内容

实测风力发电机的输出特性。

5.4.4 操作步骤

(1) 使用的器材和工具

① 风力供电装置，数量：1台。

② 风力供电控制单元，数量：1个。

③ 风电电源控制单元，数量：1个。

④ S7-200 CPU224 PLC，14个输入、10个继电器输出，数量：1个。

⑤ 变频器，数量：1块。

⑥ 万用表，数量：1块。

⑦ 十字型螺丝刀和一字型螺丝刀，数量：各1把。

(2) 操作步骤

本装置轴流风机的转速由变频器控制。轴流风机在不同频率下运行所提供的风速见表5-1。

表 5-1 频率与风速对应表

序号	频率/Hz	风速/(m/s)	序号	频率/Hz	风速/(m/s)
1	20.0	1.2	8	37.5	3.4
2	22.5	1.4	9	40.0	3.7
3	25.0	1.7	10	42.5	4.0
4	27.5	2.1	11	45.0	4.3
5	30.0	2.4	12	47.5	4.6
6	32.5	2.8	13	50.0	4.8
7	35.0	3.1			

① 将变频器的频率设置在20Hz，启动轴流风机运行，观察电流表和电压表的读数并记录。

② 将变频器的频率增加2Hz，观察电流表和电压表的读数并记录。

③ 重复②的过程，直至变频器的频率到50Hz为止。

④ 在如图5-2所示坐标中绘制风力发电机的功率曲线。

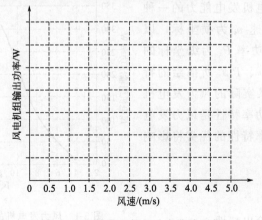

图 5-2 风力发电机的功率曲线坐标

5.4.5 小结

① 本装置将轴流风机在 40Hz 的频率下运行,所提供的风速约为 5m/s。

② 轴流风机在 40Hz 以下的频率运行,噪声小于 50dB。风力发电机在风速为 5m/s 以下获得的功率输出曲线不同于如图 5-1 所示的功率输出曲线。

第 6 章 逆变与负载系统实训

6.1 逆变器的参数测试

6.1.1 实训的目的和要求

（1）实训的目的

① 通过实训了解逆变器的工作原理。

② 通过实训了解 EG8010 芯片的功能。

（2）实训的要求

利用示波器检测逆变器的基波、SPWM、死区等波形，加深对逆变器的理解。

6.1.2 基本原理

（1）逆变器的基本原理

逆变器是将低压直流电源变换成高压交流电源的装置。逆变器的种类很多，各自的具体工作原理、工作过程不尽相同。

本实训设备使用的逆变器是将直流 12V 电源转换为频率为 50Hz 的单相交流 220V 电源。逆变器的组成原理框图如图 6-1 所示，电原理图如图 6-2 所示，EG8010 是逆变器的核心芯片。

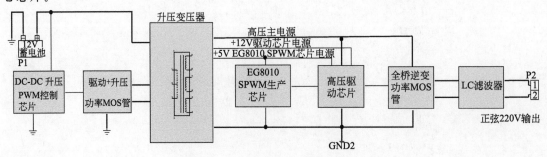

图 6-1 逆变器的组成原理框图

(2) EG8010 芯片

EG8010 是数字化、功能完善的自带死区控制的纯正弦波逆变发生器芯片，适用于 DC-DC-AC 两级功率变换或 DC-AC 单级工频变压器升压变换结构，外接 12MHz 晶体振荡器，是实现高精度、失真和谐波都很小的纯正弦波 50Hz 或 60Hz 逆变器专用芯片。EG8010 芯片采用 CMOS 工艺，内部集成 SPWM 正弦波发生器、死区时间控制电路、幅度因子乘法器、软启动电路、保护电路、RS232 串行通信接口等模块。EG8010 芯片的引脚定义如图 6-3 所示。

EG8010 芯片的主要特点

① 5V 单电源供电。

② 引脚设置 4 种纯正弦波输出频率：

a. 50Hz 纯正弦波固定频率；

b. 60Hz 纯正弦波固定频率；

c. 0~100Hz 纯正弦波频率可调；

d. 0~400Hz 纯正弦波频率可调。

③ 单极性和双极性调制方式。

④ 自带死区控制，引脚设置 4 种死区时间：

a. 300ns 死区时间；

b. 500ns 死区时间；

c. 1.0μs 死区时间；

d. 1.5μs 死区时间。

⑤ 外接 12MHz 晶体振荡器。

⑥ PWM 载波频率 23.4kHz。

⑦ 电压、电流、温度反馈实时处理。

⑧ 过压、欠压、过流、过热保护功能。

⑨ 引脚设置软启动模式 3s 的响应时间。

⑩ 串口通讯设置输出电压、频率等参数。

6.1.3 实训内容

实测逆变器的基波、SPWM、死区等波形。

6.1.4 操作步骤

(1) 使用的器材和工具

① 逆变器。

② 逆变器测试模块。

③ 示波器。

④ 万用表。

⑤ U 盘。

(2) 操作步骤

① 将逆变器的测试线正确地接在逆变器测试模块插座中，接通逆变器开关。

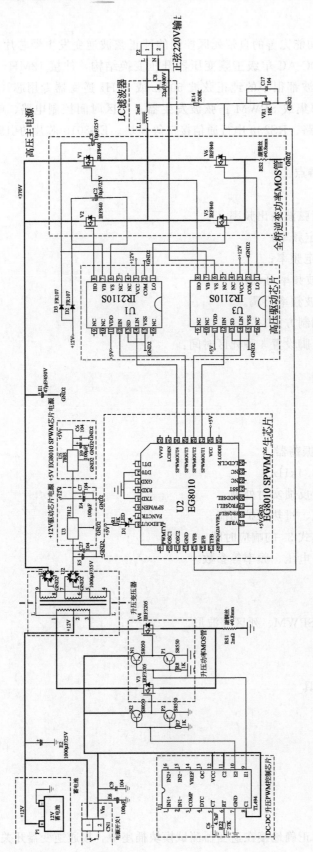

图 6-2 逆变器电原理图

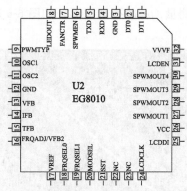

图 6-3 EG8010 芯片的引脚定义

② 将示波器 A 通道（或是 B 通道）探头接在逆变器测试模块的 50Hz 基波测试端，测量 50Hz 基波，如图 6-4 所示，并截图保存。

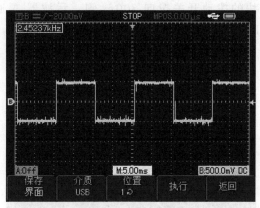

图 6-4 50Hz 基波

③ 将示波器 A 通道（或是 B 通道）探头接在逆变器测试模块的 23.4kHz SPWM 测试端，测量 SPWM 波形，如图 6-5 所示，并截图保存。

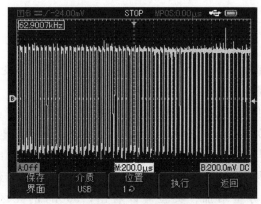

图 6-5 SPWM 波形

④ 将逆变器测试模块的拨动开关拨向 1μs 侧，示波器 A 通道（或是 B 通道）探头接在 XT3 接线排的 L、N 端子上，测量 1μs 的死区波形，如图 6-6 所示，并截图保存。

图 6-6　1μs 的死区波形

⑤ 将逆变器测试模块的拨动开关拨向 300ns 侧，示波器 A 通道（或是 B 通道）探头接在 XT3 接线排的 L、N 端子上，测量 300ns 的死区波形，如图 6-7 所示，并截图保存。

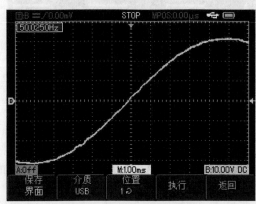

图 6-7　300ns 的死区波形

6.1.5　小结

① 逆变器是将低压直流电源变换成高压交流电源的装置，逆变器的种类很多，各自的具体工作原理、工作过程不尽相同。

② 逆变器的死区时间反映逆变器输出正弦波的正半周波形与负半周波形时逆变电路两组功率管之间导通和关断的延时时间，死区参数与逆变器输出电能的质量有密切关系。纯正弦波的正半周波形与负半周波形之间是无延时的。逆变器输出的正半周波形与负半周波形之间有延时，如果延时为零，逆变电路的功率管会损坏；延时长，逆变器输出正弦波的质量降低，谐波分量增加。实验可以看出，300ns 的死区波形优于 1μs 的死区波形。

6.2 逆变器的负载安装与调试

6.2.1 实训的目的和要求

6.2.2 基本原理

逆变器有交流负载和直流负载。图 6-8 是逆变器交流负载电气原理图，变频器和三相交流电动机组成交流调速系统，逆变器输出通过开关 QF05 供给变频器，变频器控制电动机实现无级变速旋转。逆变器输出通过开关 QF06 供给警示灯，警示灯闪烁。

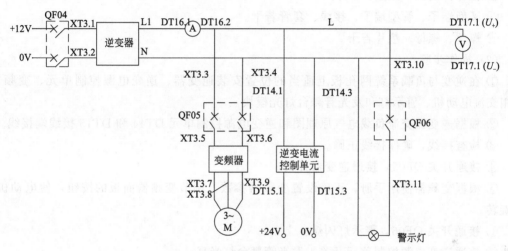

图 6-8 逆变器交流负载电气原理图

逆变电源控制单元由断路器、+24V 开关电源插座、AC220V 电源插座、指示灯、接线端 DT14 和 DT15 等组成，如图 6-9 所示。接线端子 DT14.1、DT14.2 和 DT14.3、DT14.4 分别接入逆变器输出的 L 和 N。接线端子 DT15.1、DT15.2 和 DT15.3、DT15.4 分别输出 +24V 和 0V，提供给直流负载即发光管舞台灯光模块使用。

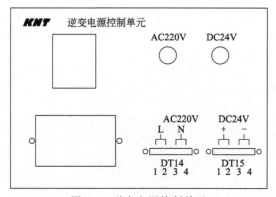

图 6-9 逆变电源控制单元

6.2.3 实训内容

安装逆变器、逆变电源控制单元、变频器、三相交流电动机、警示灯和发光管舞台灯光模块,并接线调试。

6.2.4 操作步骤

(1) 使用的器材和工具

① 万用表,数量:1块。

② 十字型螺丝刀和一字型螺丝刀,数量:各1把。

③ 剥线钳、压线钳,数量:各1把。

④ 套管打码机,数量:1台。

⑤ 叉型端子、管型端子、接线、套管若干。

⑥ 螺丝、螺母、垫片若干。

(2) 操作步骤

① 在逆变与负载系统网孔板上适当的位置安装逆变器、逆变电源控制单元、变频器、三相交流电动机、警示灯和发光管舞台灯光模块。

② 根据逆变器交流负载电气原理图和逆变电源控制单元 DT14 和 DT15 接线端接线。

③ 检查接线,确保接线正确。

④ 接通开关 QF05,接通逆变器开关。

⑤ 根据变频器使用手册,正确设置变频器参数。调节变频器面板的按钮,使电动机变速旋转。

⑥ 接通开关 QF06,警示灯闪烁。

⑦ 接通逆变电源控制单元开关,发光管舞台灯光亮。

6.2.5 小结

① 逆变器有单相输出、三相输出、离网、并网等多种形式。

② 一般,工业设备、家用电器使用交流电源,交流负载是常见的负载。通过本实训,可以了解交流调速系统的应用。

第 7 章

监控系统

7.1 监控系统的通信

7.1.1 实训的目的和要求

(1) 实训的目的

① 通过实训了解上位机与各单元的通信方式及接线方式。

② 通过实训了解上位机与各单元的通信协议。

(2) 实训的要求

① 制作上位机与各单元的通信线缆。

② 实现上位机与各单元的通信。

7.1.2 实训内容

监控系统上位机与光伏供电系统的 PLC、风力供电系统的 PLC、6 块电压表和电流表的通信采用 RS485 通信方式，通信接口分别为 COM1、COM2、COM3；监控系统上位机与光伏供电系统的 DSP 控制器、风力供电系统的 DSP 控制器采用 RS232 通信方式，通信接口分别为 COM4、COM5。

(1) 接线定义

① RS485 的接线定义 PLC 的 DB-9 的 9 芯插头 8 脚为"A"，3 脚为"B"，上位机 (COM1、COM2、COM3) 的 DB-9 的 9 芯插头 8 脚为"A"，7 脚为"B"。

② RS232 接线定义 DSP 控制单元 J3-1 为发送端 TXD，J3-2 为接收端 RXD，J3-3 为信号地 GND；上位机 (COM4、COM5) 的 DB-9 的 9 芯插头 2 脚为发送端 TXD，3 脚为接收端 RXD，5 脚为信号地 GND。

(2) 接线方式

① 光伏供电系统 PLC 的通信接线方式 通过 2 芯屏蔽线和接插座 CON14、CON15、CON17，将光伏供电系统 PLC 的 Port0 和上位机 COM1 接口的"A"、"B"端连接起来。

② 风力供电系统 PLC 的通信接线方式 通过 2 芯屏蔽线和接插座 CON15、CON17，

将风力供电系统 PLC Port0 和上位机 COM2 接口的"A"、"B"端连接起来。

③ 电压表、电流表与上位机接线方式 6 块电压表、电流表通信接口的"A"、"B"端通过 2 芯屏蔽线和接插座 CON14、CON15、CON17 并联,然后与上位机 COM3 接口的"A"、"B"端连接起来。

④ 光伏供电系统 DSP 控制器与上位机接线方式 通过 3 芯屏蔽线和接插座 CON14、CON16、CON18,将光伏供电系统 DSP 控制器的发送端 TXD 与上位机接收端 RXD 连接,光伏供电系统 DSP 控制器的接收端 RXD 与上位机发送端 TXD 连接,光伏供电系统 DSP 控制器的信号地端 GND 与上位机信号地端 GND 连接。

⑤ 风力供电系统 DSP 控制器与上位机接线方式 通过 3 芯屏蔽线和接插座 CON16、CON18,将风力供电系统 DSP 控制器的发送端 TXD 与上位机接收端 RXD 连接,风力供电系统 DSP 控制器的接收端 RXD 与上位机发送端 TXD 连接,风力供电系统 DSP 控制器的信号地端 GND 与上位机信号地端 GND 连接。

(3) 通信协议

① 光伏供电系统 PLC COM1:波特率 9600,偶校验,8 位数据,1 位停止位,PPI 通讯协议。

② 风力供电系统 PLC COM2:波特率 9600,偶校验,8 位数据,1 位停止位,PPI 通讯协议。

③ 电压表和电流表 COM3:波特率 9600,无校验 8 位数据,1 位停止位,MODBUS RTU 通讯协议。

④ 光伏供电系统 DSP 控制器 COM4:波特率 19200,无校验,8 位数据,1 位停止位,KNT 智能模块通讯协议。

⑤ 风力供电系统 DSP 控制器 COM5:波特率 19200,无校验,8 位数据,1 位停止位,KNT 智能模块通讯协议。

7.1.3 操作步骤

(1) 使用的器材和工具

① 西门子 S7-200 CPU226、西门子 S7-200 CPU224,数量:各 1 个;

② 直流电压表、直流电流表,数量:各 2 个;

③ 交流电压表、交流电流表,数量:各 1 个;

④ 光伏供电系统 DSP 控制器,数量:1 个;

⑤ 风力供电系统 DSP 控制器,数量:1 个;

⑥ DB-9 型插头座、其他接插座,数量:若干。

(2) 操作步骤

① 焊接通信线缆插头座。

② 根据上位机与各单元的通信接口图,制作通信线缆。

③ 进行通信调试。

7.1.4 小结

① RS232 接口是 1970 年由美国电子工业协会(EIA)联合贝尔系统、调制解调器厂家

及计算机终端生产厂家共同制定的用于串行通讯的标准。它的全名是"数据终端设备（DTE）和数据通讯设备（DCE）之间串行二进制数据交换接口技术标准"。该标准规定采用一个25个脚的DB25连接器，对连接器的每个引脚的信号内容加以规定，还对各种信号的电平加以规定。DB25的串口一般用到的引脚只有2（RXD）、3（TXD）、7（GND）这三个。随着设备的不断改进，现在DB25针很少看到了，代替它的是DB9的接口，DB9所用到的引脚与DB25有所变化，是2（RXD）、3（TXD）、5（GND）。

RS232接口使用一根信号线和一根信号返回线而构成共地的传输形式。这种共地传输容易产生共模干扰，所以抗噪声干扰性弱。RS232接口传输距离有限，传输距离约为十几米。

② RS485接口是采用平衡驱动器和差分接收器的组合，抗共模干扰能力增强，即抗噪声干扰性好。RS485接口的传输距离为几千米。RS232接口在总线上只允许连接1个收发器，即单站能力，而RS485接口在总线上允许连接多达128个收发器，即具有多站能力，这样用户可以利用单一的RS485接口方便地建立起设备网络。RS485接口组成的半双工网络，一般只需2根连线（一般叫AB线），所以RS485接口均采用屏蔽双绞线传输。

7.2 组态软件的应用与开发

7.2.1 实训的目的和要求

（1）实训的目的
① 通过实训熟悉三维力控组态软件的应用。
② 通过实训熟悉三维力控组态软件的基本开发流程。
（2）实训的要求
① 完成光伏供电系统的组态基本功能。
② 完成风力供电系统的组态基本功能。

7.2.2 实训内容

（1）新建工程
① 双击桌面力控图标，弹出"工程管理器"，如图7-1所示。
② 点击工具栏左上角【新建】图标，新建一个工程，如图7-2所示。
③ 选择新建的工程，点击【开发】即可进入新建工程开发环境，如图7-3所示（如果没有加密锁，会弹出"找不到加密锁，只能以演示版运行"的对话框，点击忽略进入）。
（2）新建IO设备
① 新建IO设备是定义上位机要连接的设备，例如PLC或者智能数显仪表等。现以S7-200PLC为例，双击【工程项目】栏中的【IO设备组态】，如图7-4所示。
② 当弹出"IoManager"窗口时，选择左侧【I/O设备】→【PLC】→【IoManager】→【SIEMENS西门子】→【S7-200（PPI）】，如图7-5所示。
③ 双击【S7-200（PPI）】进入设备配置第一步，按要求输入设备名称（不能出现中

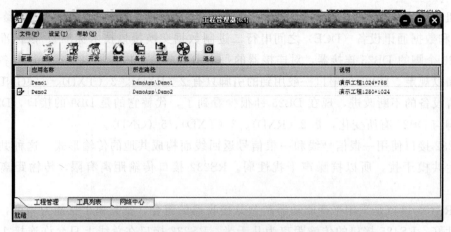

图 7-1 工程管理器

图 7-2 新建一个工程

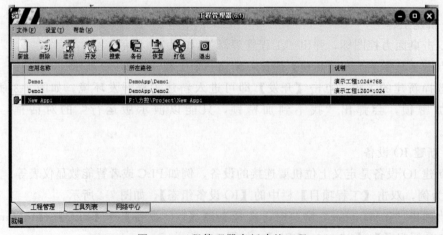

图 7-3 工程管理器中新建的工程

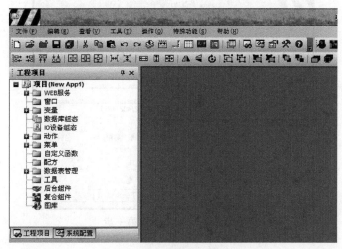

图 7-4 工程项目界面

图 7-5 IoManager

文)、设备描述、更新周期、超时时间、设备地址(此处地址为 PLC 出厂默认值 2)、通信方式、故障后恢复查询周期,如图 7-6 所示。

④ 点击【下一步】,进入设备配置第二步。设置串口号并进行串口设置,此处为"波特率:9600,偶校验,8 位数据,1 位停止位",如图 7-7 所示。

⑤ 点击【保存】→【下一步】→【完成】,完成 IO 设备配置。

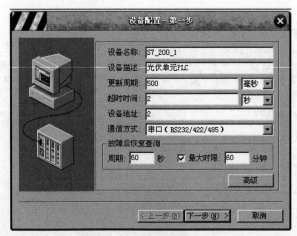

图 7-6　IO 设备配置第一步

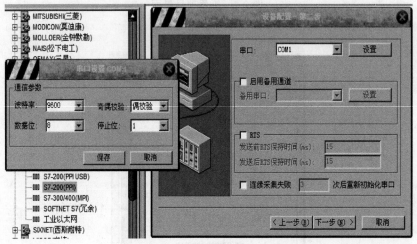

图 7-7　IO 设备配置第二步

⑥ 按照上述过程，完成风光互补发电系统所有 IO 设备组态，如图 7-8 所示。完成后关闭 "IoManager"。

（3）新建数据库组态

① 新建数据库组态是将定义的测量点与 IO 设备关联，现以光伏电池组件输出电压为例。双击 "工程项目" 中的【数据库组态】，如图 7-9 所示。

② 在弹出的新窗口选中【数据库】，右键点击【新建】，如图 7-10 所示。

③ 选择点类型以及区域，使用模拟 I/O 点、数字 I/O 点和运算点。模拟 I/O 点指的是一连串变化的实型数值，比如温度和压力等；数字 I/O 点是指只有 0 和 1 两个状态的开关量；运算点指的是两个数据库点经过算术运算得到的点。区域的划分只是方便归类，并无实际意义。此处 "光伏电压" 的点选择【区域 0】、【模拟 I/O 点】，点击【继续】。

④ 在 "基本参数" 窗口按要求填写 "点名"（不可为中文）、"点说明"、"小数位"，如图 7-11 所示。

⑤ 在 "数据连接" 窗口，选择【I/O 设备】→【GuangF_V】、【PV】，点击【增加】按

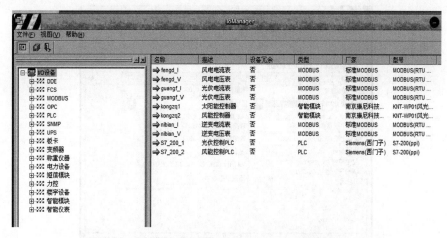

图 7-8 风光互补发电系统 I/O 设备组态

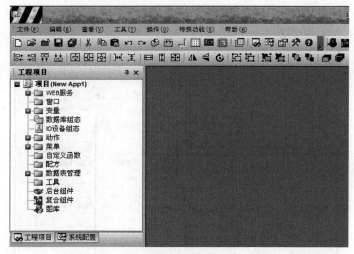

图 7-9 数据库组态

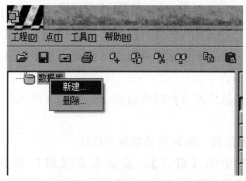

图 7-10 新建数据库窗口

钮,在弹出的"组态界面"窗口选择【03 号功能码】、【偏置 6】、【32 位 IEEE 浮点数】、【只可读】,点击【确定】,如图 7-12 所示。

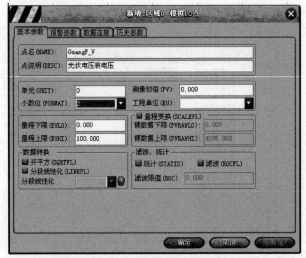

图 7-11 数据库基本参数

图 7-12 数据库数据连接

⑥ 在"历史参数"窗口,选择【PV】、【数据定时保存】,以及保存间隔,点击【增加】,完成历史参数设置,如图 7-13 所示。此步骤是为了历史报表中能够读出保存的历史数据。点击【确定】,完成数据库组态。

⑦ 完成风光互补发电系统中所有数据库组态,如图 7-14 所示。完成后关闭窗口。

(4) 新建窗口

组态工程运行时,需要监视、控制相关变量和控件。

① 双击"工程项目"中的【窗口】,按要求定义窗口名字和说明,点击【确定】新建一个画面,再点击【保存】按钮,就可以编辑画面了。图 7-15 所示是新建窗口属性。

② 编辑新建窗口中的画面。点击"工具箱"中的【增强型按钮】,如图 7-16 所示。新建窗口中出现一个按钮,编辑该按钮的文本,如图 7-17 所示。

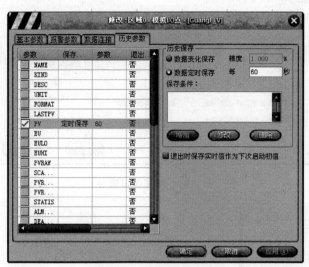

图 7-13 数据库历史参数

图 7-14 风光互补发电系统数据库组态

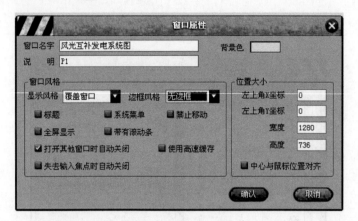

图 7-15 新建窗口属性

图 7-16 工具箱

图 7-17 增强型按钮

双击新建的【增强型按钮】,弹出"动画连接-对象类型"窗口,单击"触敏动作"中的【窗口显示】,如图 7-18 所示。

选中想要跳转的画面,如图 7-19 所示。点击【确定】即完成画面跳转按钮的建立,运行后点击【确认】按钮即可实现画面跳转功能。

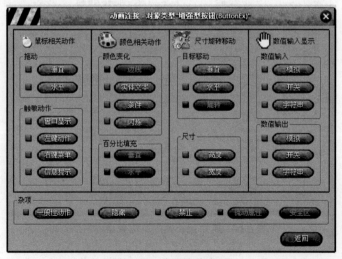

图 7-18 动画连接窗口

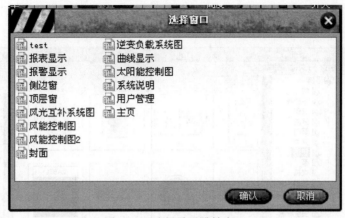

图 7-19 选择需要跳转窗口

点击"工具箱"中的【文本】,在窗口空白画面处点击,输入"光伏电压表电压",建立一个名为"##.##"和电压单位"V"的文本,如图 7-20 所示。

光伏电压表电压　##.## V

图 7-20 新建文本

双击文本"##.##",弹出"动画连接"窗口,如图 7-18 所示。点击【数值输出】→【模拟】按钮,弹出"模拟值输出"窗口,点击【变量选择】,在弹出窗口中选择【V_taiyn】→【PV】,如图 7-21 所示。点击【选择】→【确认】→【返回】,完成数据关联。

图 7-21 变量选择

双击"工程项目"中的【工具】→【图库】,如图 7-22 所示。选择【按钮】,双击所需的按钮图标,在窗口中新建一个新的按钮。

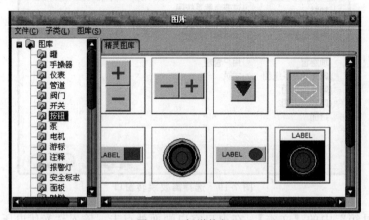

图 7-22 新增按钮

关闭"图库"窗口,双击新建的按钮图标,出现"开关向导",按要求选择【变量名】、【显示文本】,颜色自定义,"有效动作"选择【按下开,送开关】,如图 7-23 所示。点击【确定】完成新增按钮。

图 7-23 开关向导

双击"工程项目"中的【工具】→【图库】,选择【报警灯】,如图 7-24 所示,双击所需的指示灯图标,在窗口中新建一个新的指示灯。

关闭"图库"窗口,双击新建的指示灯图标出现"属性设置",按要求选择【变量】,颜色自定义,如图 7-25 所示,点击【确定】完成新增指示灯。

双击"工程项目"中的【工具】→【复合组件】,选择【曲线模板】,如图 7-26 所示,双击【趋势曲线模板1】,会在窗口中新建一个趋势曲线。

关闭"复合组件"窗口,双击新建的趋势曲线控件,弹出曲线"属性"窗口,在窗口中【曲线类型】选择"实时趋势",【画笔】中填写曲线名称,【类型】选择"直连线",样式、

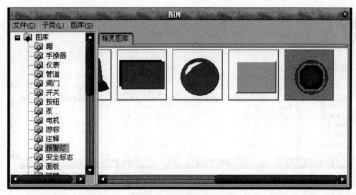

图 7-24 新增指示灯

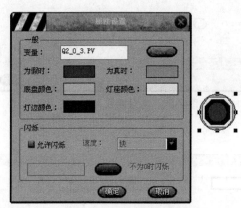

图 7-25 指示灯属性设置

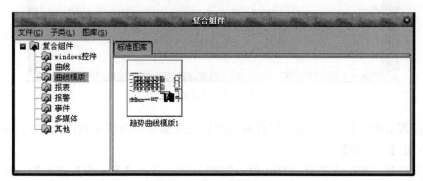

图 7-26 新增趋势曲线

颜色、高低限自定义，变量选择需要绘制曲线的数据库中的点，与曲线名称相对应，如图 7-27 所示。点击【确定】完成实时曲线设置。

双击"工程项目"中的【工具】→【复合组件】，选择【报表】，双击【专家报表】，在窗口中新建一个报表控件，如图 7-28 所示。

关闭"复合组件"窗口，双击新建的历史报表控件，弹出【报表向导第一步】，选择

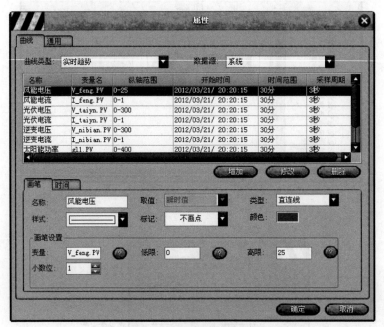

图 7-27 实时曲线属性设置

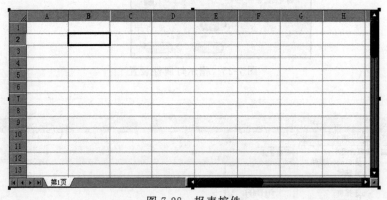

图 7-28 报表控件

【力控数据库报表向导】，这是以力控自带实时历史数据库作为历史数据来源生成的报表，如图 7-29，点击【下一步】。

"报表向导第二步"无需更改默认值，如图 7-30，点击【下一步】进入第三步。

"报表向导第三步"如图 7-31 所示。设置好"报表类型"、"时间长度"、"时间间隔"、"时间单位"后，点击【下一步】。

"报表向导第四步"设置时间格式，如图 7-32 所示。

在"报表向导第五步"，将"所有点列表"里需要查询的历史数据点添加至"已选点列表"里，按顺序排列好，如图 7-33 所示。点击【完成】结束报表向导。

保存后退出，在报表控件上方新建 3 个按钮，如图 7-34 所示。

分别双击【查询】、【打印】、【导出】按钮，在【左键动作】中编辑【按下鼠标】和【释

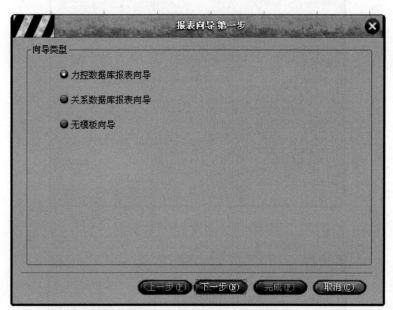

图 7-29 报表向导第一步

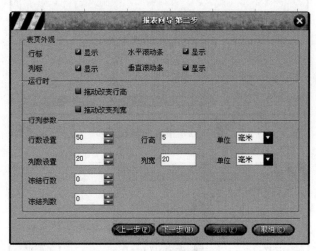

图 7-30 报表向导第二步

放鼠标】脚本，如图 7-35 所示，具体脚本详见参考工程。

脚本编辑完成后，关闭"脚本编辑器"，点击【返回】，完成历史报表画面。

在"系统配置"中，双击【初始启动窗口】，如图 7-36 所示，在弹出窗口中设置工程窗口。

以上是组态开发环境简单设置，点击【文件】→【全部保存】后，进入运行环境即可实现组态基本功能，如图 7-37 所示。

读者可以访问http://www.eforcecon.com 获取更多的控件使用方法和案例。

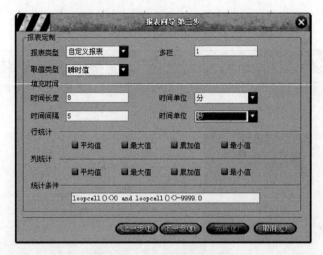

图 7-31 报表向导第三步

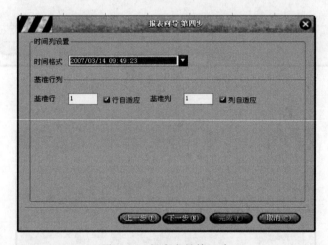

图 7-32 报表向导第四步

图 7-33 报表向导第五步

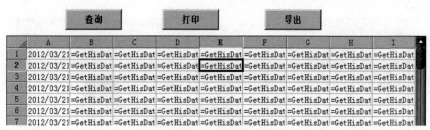

图 7-34 新建报表

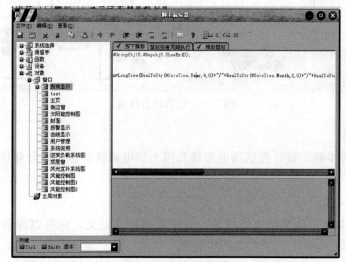

图 7-35 脚本编辑器

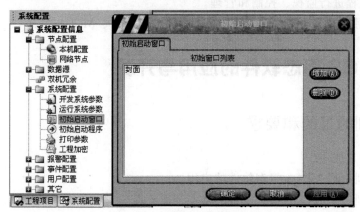

图 7-36 设置初始启动窗口

7.2.3 操作步骤

(1) 使用的器材和工具

力控 forcecontrol6.1 组态软件。

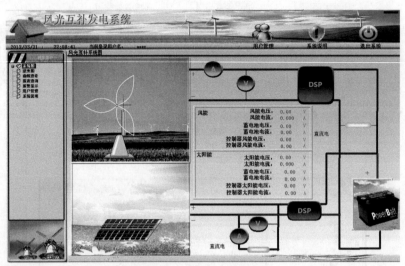

图 7-37 组态运行环境

（2）操作步骤

按照实训内容步骤，设计光伏供电系统和风力供电系统的组态运行环境。

7.2.4 小结

① 组态软件是一个约定俗成的概念，并没有明确的定义，它可以理解为"组态式监控软件"。"组态（Configure）"的含义是"配置"、"设定"、"设置"的意思，是指用户通过类似"搭积木"的简单方式来完成自己所需要的软件功能，而不需要编写计算机程序，也就是所谓的"组态"。"监控（Supervisory Control）"即"监视和控制"，是指通过计算机信号对自动化设备或过程进行监视、控制和管理。

② 国内常用的组态软件有世纪星、三维力控、组态王、MCGS 等。

7.3 MCGS 组态软件的应用与开发

7.3.1 实训的目的和要求

（1）实训的目的
① 通过实训熟悉 MCGS 组态软件的应用。
② 通过实训熟悉 MCGS 组态软件的基本开发流程。

（2）实训的要求
① 完成光伏供电系统触摸屏的组态基本功能。
② 完成风力供电系统触摸屏的组态基本功能。

7.3.2 实训内容

（1）加载控制器驱动

① 在 MCGS 安装路径下"Drivers"文件夹中新建文件夹,文件夹名称为"用户定制设备",将包含控制器驱动名为"康尼"的文件夹移动到"用户定制设备"文件夹中。

② 双击 MCGS 嵌入版组态软件图标,进入组态开发环境,点击【文件】→【新建工程】,弹出窗口默认设置,点击【确定】,新建一个工程,如图 7-38 所示。

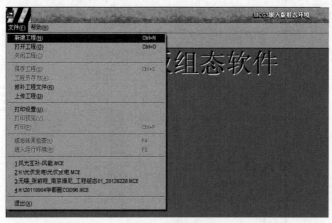

图 7-38　新建工程

③ 在新建的工程窗口选择【设备窗口】,双击【设备窗口】图标进入设备组态界面,如图 7-39 所示。

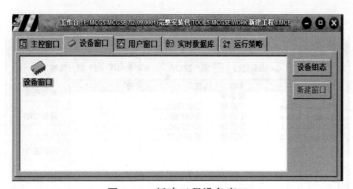

图 7-39　新建工程设备窗口

④ 进入设备组态界面后,点击 图标,弹出"设备工具箱"窗口,"设备工具箱"中没有康尼控制器设备,点击【设备管理】,弹出"设备管理"窗口,在"可选设备"栏选择"用户指定设备"→"康尼"→"KangNi",点击【增加】,"选择设备"栏中出现"KangNi"设备,单击【确认】按钮,完成风光互补控制器驱动加载,如图 7-40 所示。

(2) 建立实时数据库

① 在工程窗口选择"实时数据库"窗口,点击【新增对象】按钮,出现"Data1",如图 7-41 所示。

② 双击【Data1】,在弹出的【数据对象属性设置】→【基本属性】窗口中的"对象名称"、"小数位"、"对象内容注释"窗口设置相应名称和数值,"对象类型"选择"数值",如

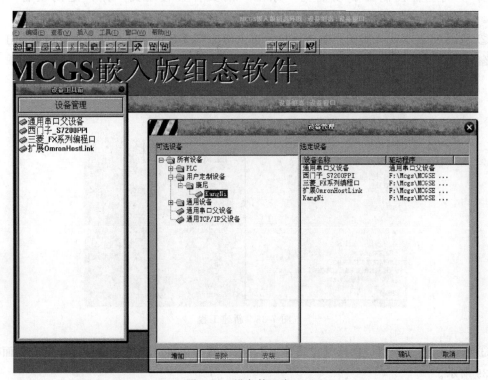

图 7-40 设备管理窗口

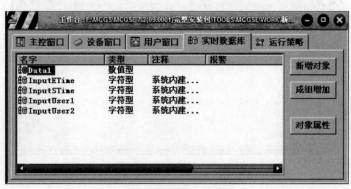

图 7-41 新增实时数据

图 7-42 所示。完成后点击【确认】。

③ 按照上述方法，完成实时数据库所有数据，其中，"通讯状态"为开关型，其余为数值型，如图 7-43 所示。

(3) 建立设备组态

① 在"设备组态：设备窗口"中双击【设备工具箱】里的【通用串口父设备】，在设备窗口中出现"通用串口父设备"标签，再双击【设备工具箱】里的"KangNi"，在设备窗口中出现"KangNi"标签，如图 7-44 所示。

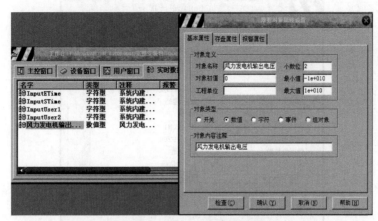

图 7-42 数据对象属性设置

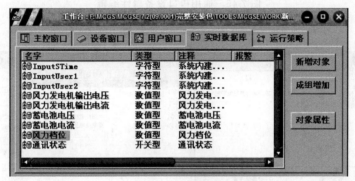

图 7-43 实时数据库

图 7-44 设备组态：设备窗口

② 双击设备窗口中【通用串口父设备】，在弹出的"通用串口设备属性编辑"窗口中的"串口端口号"、"通讯波特率"、"数据位位数"、"停止位位数"、"数据校验方式"分别设置"COM1"、"19200"、"8 位"、"1"、"偶校验"，点击【确认】，如图 7-45 所示。

③ 双击设备窗口中【KangNi】，在弹出的"设备编辑窗口"中双击"连接变量"下面的空白栏，如图 7-46 所示。

④ 在弹出的"变量选择"窗口下选中需要连接的变量名，点击【确认】完成连接变量，

图 7-45 通用串口设备属性编辑

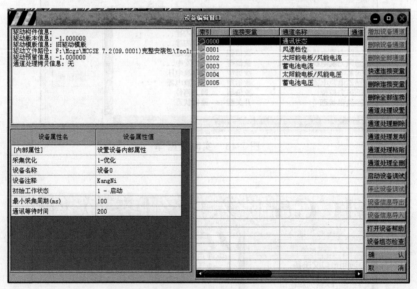

图 7-46 设备编辑窗口

按如此方法完成所有通道的变量连接，完成后点击右下角【确认】保存，如图 7-47 所示。

(4) 制作动画组态

① 新建窗口：在"用户窗口"中选择【新建窗口】按钮，出现"窗口 0"图标，选中"窗口 0"图标后点击右侧【窗口属性】按钮，弹出"用户窗口属性设置"窗口，按需求填写"窗口名称"、"窗口标题"等，完成后点击【确认】完成新建窗口属性设置，如图 7-48 所示。

② 选中设置好属性的窗口图标，点击右侧【动画组态】按钮，进入动画组态开发环境，如图 7-49 所示。

图 7-47　完成连接变量设备编辑窗口

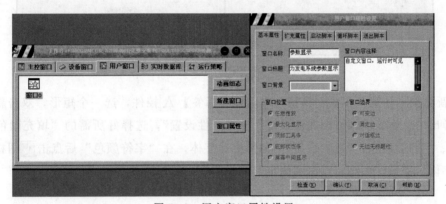

图 7-48　用户窗口属性设置

图 7-49　动画组态界面

a. 画面跳转：在"工具箱"中选择【标准按钮】构件，选一个按钮，双击按钮图标，在弹出的"标准按钮构件属性设置"窗口中点击【基本属性】，设置"文本"为"画面跳转"，"操作属性"勾选"打开用户窗口"和"关闭用户窗口"，分别为打开需跳转画面和关闭当前画面，如打开"主画面"和关闭"参数显示"，如图 7-50 所示，点击【确认】完成画面跳转按钮。

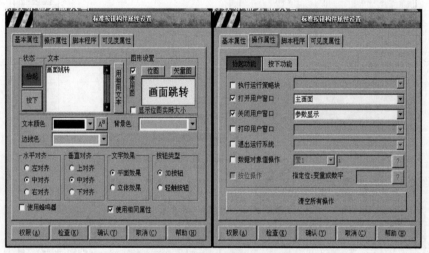

图 7-50　画面跳转按钮属性设置

b. 新建文本标签：在"工具箱"中选择【标签】A 控件，选一个矩形，双击新建的矩形，在弹出的"标签动画组态属性设置"→"属性设置"，选择好所需的"填充颜色"、"边线颜色"、"字符颜色"、"边线线型"，如需更改字体，在"字符颜色"后点击 图标，选择合适的字体、字形、大小，点击【确定】完成字体设置，如图 7-51 所示。

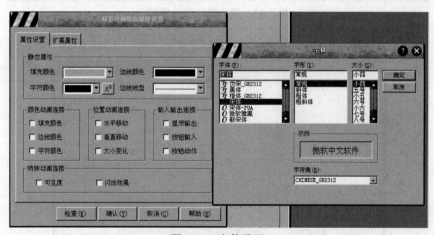

图 7-51　字体设置

在"扩展属性"中输入文本内容，点击【确认】完成文本标签，如图 7-52 所示。

c. 数据关联：在"工具箱"中选择【标签】A 控件，选一个矩形，双击新建的矩形，

图 7-52 文本内容输入

在弹出的"标签动画组态属性设置"→"属性设置"中勾选"显示输出",勾选后出现"显示输出"标签,在新增的"显示输出"标签里选择需要显示的输出值类型,如"蓄电池电压"选择"数值型"。关联好需要显示的"表达式",如"蓄电池电压",勾选"单位",填写"V",其他默认,点击【确认】完成数据关联,如图 7-53 所示。

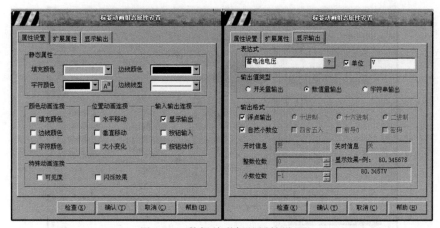

图 7-53 数据关联标签属性设置

d. 添加背景图片:在"工具箱"中选择【标签】 A 控件,选一个矩形,单击新建的标签控件,在软件窗口的右下角输入"0"、"0"、"800"、"480",确定矩形分辨率,如图 7-54 所示。

图 7-54 确定矩形分辨率

双击新建的标签控件,在弹出的"标签动画组态属性设置"→"扩展属性"中勾选"使用图",选择【位图】,如图 7-55 所示。

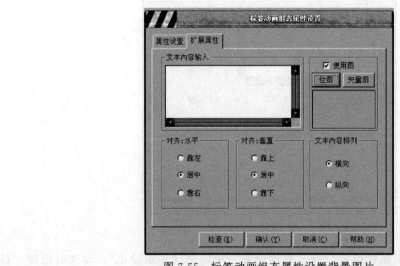

图 7-55 标签动画组态属性设置背景图片

在弹出的"对象元件库管理"中选中需要作为背景的图片,点击【确定】→【确认】,完成背景图片设置,如图 7-56 所示。

图 7-56 选择背景图片

(5) 用户策略

切换到用户窗口,选择"运行策略"窗口,单击【新建策略】,新建事件策略如图 7-57 所示。

选中新建的策略 1,点击右侧的【策略属性】,在弹出的策略属性设置窗口的"策略名称"和"关联数据对象"设置"Data1",完成后点击【确认】,完成策略属性设置,如图 7-58 所示。

双击策略【Data1】，进入策略组态界面。在空白处右键选择【新增策略行】，新增一行策略，如图 7-59 所示。

点击【工具】按钮，弹出"策略工具箱"，选中新增策略行右边的灰色方框后，双击"策略工具箱"中的【脚本程序】，如图 7-60 所示。

双击【脚本程序】策略，弹出"脚本程序编辑窗口"，在窗口中输入如下脚本:！SetDevice（设备 0，6，" Write（Data1，Data2，nReturn）"），如图 7-61 所示。

完成脚本编辑后点击【确认】，完成脚本程序策略。

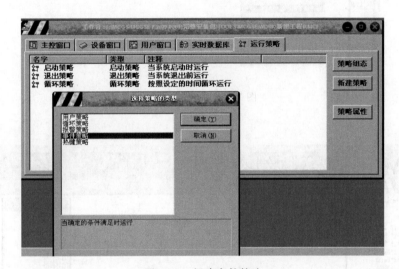

图 7-57　新建事件策略

图 7-58　策略属性设置

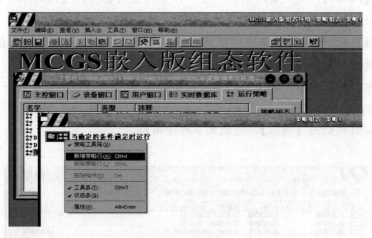

图 7-59　新增策略行

图 7-60　脚本程序

图 7-61　脚本程序编辑窗口

7.3.3　操作步骤

(1) 使用的器材和工具

MCGS 组态软件。

(2) 操作步骤

按照实训内容步骤，设计光伏供电系统触摸屏和风力供电系统触摸屏的组态运行环境。

7.3.4 小结

本实训系统选用了 MCGS 一体化触摸屏，有关 MCGS 触摸屏的信息可以访问 www.mcgs.com.cn 网站。

参考文献

[1] 冯垛生,张淼,赵慧.太阳能发电技术与应用.北京:人民邮电出版社,2009.
[2] 周志敏,纪爱华.太阳能光伏发电系统设计与应用实例.北京:电子工业出版社,2010.
[3] 熊绍珍,朱美芳.太阳能电池基础与应用.北京:科学出版社,2009.
[4] 罗运俊,何辛年,王长贵.太阳能利用技术.北京:化学工业出版社,2005.
[5] 严陆光,崔荣强.21世纪太阳能新技术.上海:上海交通大学出版社,2003.
[6] 李传统.新能源与可再生能源技术.南京:东南大学出版社,2005.
[7] 张志英,赵萍,李英凤.风能与风力发电技术.第二版.北京:化学工业出版社,2010.
[8] 王志新.现代风力发电技术及工程应用.北京:电子工业出版社,2010.
[9] 姚兴佳.风力发电测试技术.北京:电子工业出版社,2011.
[10] 王承煦,张源.风力发电.北京:中国电力出版社,2002.
[11] 叶杭冶.风力发电机组的控制技术.北京:机械工业出版社,2002.
[12] 何显富等.风力机设计、制造与运行.北京:化学工业出版社,2009.

能源类部分国家标准和行业标准

(1) GB/T 2297—1989 太阳光伏能源系统术语
(2) GB/T 18497—2001 地面用光伏（PV）发电系统——概述与导则
(3) GB/T 18210—2000 晶体硅光伏方阵 I-V 特性的现场测量
(4) GB/T19064—2003 太阳能光伏系统用控制器和逆变器
(5) CGC/GF004：2007 光伏能源系统用铅酸蓄电池
(6) GB/T 19568—2004 风力发电机组装配与安装规范
(7) GB/T 19069—2003 风力发电机组——控制器技术条件
(8) GB/T 19070—2003 风力发电机组——控制器试验方法
(9) JB/T 10425.1—2004 风力发电机组——偏航系统技术条件
(10) JB/T 10425.2—2004 风力发电机组——偏航系统试验方法
(11) JB/T 10426.1—2004 风力发电机组——制动系统技术条件
(12) JB/T 10426.2—2004 风力发电机组——制动系统试验方法
(13) GB/T 18451.2—2003 风力发电机组 功率特性试验
(14) GB/T 20320—2006 风力发电机组 电能质量测量和评估方法
(15) GB 17646—1998 小型风力发电机组安全要求
(16) GB/T19115.1—2003 风光互补发电系统

附录 B

2011年光伏发电系统安装与调试赛项测试赛任务书

一、竞赛设备及工艺过程描述

竞赛设备以"KNT-SPV01 光伏发电实训系统"为载体,由光源模拟跟踪装置、光源模拟跟踪控制系统、能量转换控制存储系统、离网逆变负载系统、监控系统组成,如图1所示。

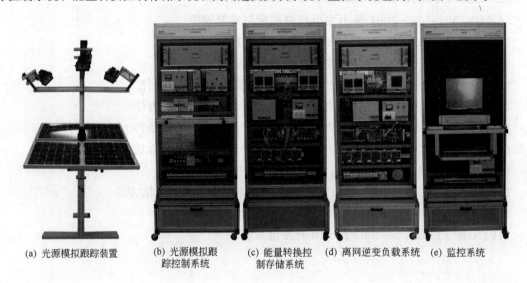

(a) 光源模拟跟踪装置　(b) 光源模拟跟踪控制系统　(c) 能量转换控制存储系统　(d) 离网逆变负载系统　(e) 监控系统

图1　光伏发电系统

二、各系统工作任务

任务一　光源模拟跟踪装置和光源模拟跟踪控制系统

1. 器件安装

光源模拟跟踪装置安装

光源模拟跟踪装置由4块太阳能电池板组件、3盏300W投射灯、追日跟踪传感器、水平和俯仰运动机构和支架组成。

太阳能电池板组件的主要参数：

额定功率	20W/块
额定电压	17.2V/块
额定电流	1.17A/块
开路电压	21.4V/块
短路电流	1.27A/块

将上述器件按图2所示的结构图安装。

2. 布线与接线

光源模拟跟踪控制系统由母线单元、电源组件、GE可编程序控制器、按钮单元、继电器、12V开关电源和端子排等低压电器等

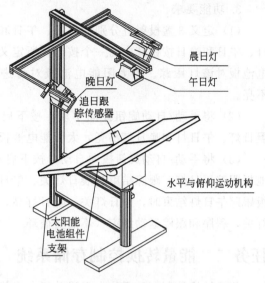

图2 光源模拟跟踪装置结构

组成，已安装在"光源模拟跟踪控制系统"网孔架内（接线排和走线槽已经安装好），如图3所示。除了GE可编程序控制器的接线拆除外，其他器件的接线均完成。

（1）完成光源模拟跟踪装置各器件与光源模拟跟踪控制系统的接线。接线要有合理的线标套管。

（2）完成GE可编程序控制器的布线和接线，接线要有合理的线标套管。

(a) 光源模拟跟踪控制系统框图　　(b) 光源模拟跟踪控制系统实物图

图3 光源模拟跟踪控制系统

3. 功能要求

（1）定义3盏投射灯分别为晨日、午日和晚日灯。将手动/自动旋钮拨向手动，按下晨日、午日和晚日按钮其中的一个按钮，所定义的晨日、午日和晚日灯中相应的灯亮，太阳能电池板对该灯跟踪。当太阳能电池板对灯进行跟踪时，按其他灯的控制按钮，相应的灯不亮。

（2）将手动/自动旋钮拨向手动，按下启动按钮、晨日按钮、午日按钮和晚日按钮时，晨日灯、午日灯和晚日灯都亮，太阳能电池板不跟踪。

（3）将手动/自动旋钮拨向自动，按下启动按钮，运行自动程序即晨日灯亮，太阳能电池板跟踪晨日灯；跟踪结束时晨日灯关、午日灯亮，太阳能电池板跟踪午日灯；太阳能电池板跟踪午日灯结束时，午日灯关、晚日灯亮，太阳能电池板跟踪晚日灯，跟踪结束时，晚日灯关，程序和跟踪运动结束（不需要循环）。

任务二　能量转换控制存储系统

能量转换控制存储系统由母线单元、光伏输入直流单元、断路器、蓄电池直流单元、汇流箱、电源组件、可调电阻、直流电压采集模块、直流电流采集模块、温度采集模块、IGBT驱动模块、继电器驱动模块、通信模块、LCD人机对话模块、CPU模块、控制主电路模块、直流负载、蓄电池组、直流电压表、直流电流表等单元和模块组成。上述器件已安装在"能量转换控制存储系统"网孔架内，如图4所示。

能量转换控制存储系统除了直流电压采集模块、直流电流采集模块、温度采集模块、IGBT驱动模块、继电器驱动模块、通信模块、LCD人机对话模块、CPU模块、控制主电路模块外，其他器件均完成布线与接线。

1. 布线与接线

完成直流电压采集模块、直流电流采集模块、温度采集模块、IGBT驱动模块、继电器驱动模块、通信模块、LCD人机对话模块、CPU模块、控制主电路模块的布线与接线。接线要有合理的线标套管。

2. 功能要求

（1）检查直流电压采集模块、直流电流采集模块、温度采集模块、IGBT驱动模块、继电器驱动模块、通信模块、LCD人机对话模块、CPU模块、控制主电路模块的接线，确保正确无误。

（2）通过LCD人机对话模块调整相关模块上的电位器，校准电压等模拟量采集数值。

（3）通过LCD人机对话模块设置蓄电池过放等保护参数。

（4）实现控制太阳能电池板对蓄电池充电的过程。

（5）完成与后台监控系统的通讯连接。

（6）通过GE PLC或监控系统将光源模拟跟踪装置

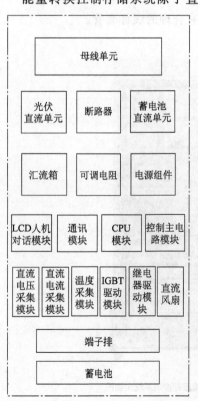

图4　能量转换控制存储系统结构框图

的午日灯打开照射到太阳能电池方阵上，观察太阳能电池方阵的开路电压。将光伏输入电流表读数和光伏输入电压表读数填入答题纸的表 1 中。

表 1　午日灯亮时的太阳能电池方阵的开路电压

	光伏输入电流表读数（A）	光伏输入电压表读数（V）
午日灯亮		

（7）测量午日灯时的太阳能电池方阵的输出特性。调节"能量转换控制存储系统"上的可调线绕变阻器，记录对应的电压、电流值。每次记录的对应的电压值和电流值为一组，记录不少于 12 组，采样间隔为 10 秒。在答题纸图 5 所示的太阳能电池方阵输出特性曲线上绘制当前太阳能电池方阵输出特性曲线。

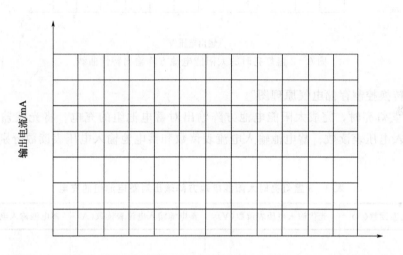

图 5　午日灯亮时的太阳能电池方阵的输出特性曲线

（8）通过 GE PLC 或监控系统将光源模拟跟踪装置的 3 盏投射灯打开照射到太阳能电池方阵上，观察太阳能电池方阵的开路电压。将光伏输入电流表读数和光伏输入电压表读数填入答题纸的表 2 中。

表 2　3 盏灯亮时的太阳能电池方阵的开路电压

	光伏输入电流表读数（A）	光伏输入电压表读数（V）
3 盏灯亮		

（9）测量 3 盏灯亮时的太阳能电池方阵的输出特性。调节"能量转换控制存储系统"上的可调线绕变阻器，记录对应的电压、电流值。每次记录的对应的电压值和电流值为一组，记录不少于 12 组，采样间隔为 10 秒。在答题纸的图 6 所示的太阳能电池方阵输出特性曲线上绘制当前太阳能电池方阵输出特性曲线。

（10）在计算机上完成由直流电压采集模块、直流电流采集模块、温度采集模块、IGBT驱动模块、继电器驱动模块、通信模块、LCD 人机对话模块、CPU 模块、控制主电路模块所组成的能量转换控制存储电气原理图（CAD 软件有相应模块图）。文件保存在 D 盘，文件

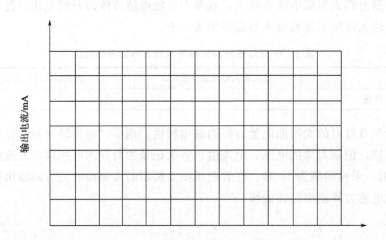

图6 3盏灯亮时的太阳能电池方阵输出特性曲线

名为"能量转换控制存储电气原理图"。

(11) 3盏灯亮时，完成太阳能电池方阵输出对蓄电池组的充电。将光伏输入电流表读数、光伏输入电压表读数、蓄电池输入电流表读数和蓄电池输入电压表读数分别填入答题纸的表3中。

表3 3盏灯亮时太阳能电池方阵输出对蓄电池组的充电

光伏输入电流表读数(A)	光伏输入电压表读数(V)	蓄电池输入电流表读数(A)	蓄电池输入电压表读数(V)

(12) 调节KNWS-DV-01模块上R11电位器，观察LCD人机对话模块中的蓄电池充电参数，同时用示波器观察PWM波形。分别截取太阳能电池方阵对蓄电池组直接充电的波形、太阳能电池方阵通过PWM充电方式对蓄电池组充电的波形、太阳能电池方阵不对蓄电池组充电的波形。图形保存在U盘，分别取名为"直接充电"、"PWM充电"和"不充电"。

任务三 离网逆变负载系统

离网逆变负载系统由母线单元、直流单元、断路器、交流单元、交流互感器、变压器单元、电源组件、直流电压采集模块、交流电压采集模块、交流电流采集模块、IGBT驱动模块、继电器驱动模块、LCD人机对话模块、通信模块、CPU模块、逆变器主电路模块、频率采集模块、直流电压表、直流电流表、交流电压表、交流电流表、交流谐波表、交流负载和端子排等组成。上述器件已安装在"离网逆变负载系统"网孔架内，如图7所示。

离网逆变负载系统除了直流电压采集模块、交流电压采集模块、交流电流采集模块、IGBT驱动模块、继电器驱动模块、LCD人机对话模块、通信模块、CPU模块、逆变器主电路模块、频率采集模块外，其它器件均完成布线与接线。

1. 布线与接线

完成直流电压采集模块、交流电压采集模块、交流电流采集模块、IGBT 驱动模块、继电器驱动模块、LCD 人机对话模块、通信模块、CPU 模块、逆变器主电路模块、频率采集模块的布线与接线。接线要有合理的线标套管。

2. 功能要求：

（1）通过 LCD 人机对话模块设置逆变器输出电压与频率相关参数。

（2）通过 LCD 人机对话模块设置逆变器的 H 桥的死区时间与 PID 积分参数信息。

（3）通过人机界面设置逆变器的通讯地址，完成与后台监控系统的通讯连接。

（4）通过示波器检测 H 桥 IGBT 管的 SPWM 波形，并截图保存在 U 盘中，取名为"SPWM 波形"。

（5）在计算机上完成由直流电压采集模块、交流电压采集模块、交流电流采集模块、IGBT 驱动模块、继电器驱动模块、LCD 人机对话模块、通信模块、CPU 模块、逆变器主电路模块和频率采集模块所组成的逆变电气原理图（CAD 软件有相应模块图）。图形保存在 D 盘，文件名为"逆变电气原理图"。

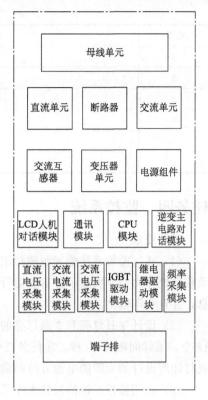

图 7　离网逆变负载系统结构框图

（6）将 LCD 人机对话模块的逆变死区参数设为 0.1，用双踪示波器测量逆变死区波形并截图（1 个周期左右），图形保存在 U 盘，文件名为"参数为 0.1 的死区波形"。用示波器测量逆变输出波形并截图（1 个周期左右），图形保存在 U 盘，文件名为"参数为 0.1 的逆变输出波形"。

（7）将 LCD 人机对话模块的逆变死区参数设为 1，用双踪示波器测量逆变死区波形并截图（1 个周期左右），图形保存在 U 盘，文件名为"参数为 1 的死区波形"。用示波器测量逆变输出波形并截图（1 个周期左右），图形保存在 U 盘，文件名为"参数为 1 的逆变输出波形"。

（8）在答题纸的表 4 中填入逆变死区参数设为 0.1 和逆变死区参数设为 1 时的死区时间和谐波总量。

表 4　逆变死区时间和谐波总量

	逆变死区时间(μs)	逆变谐波总量(%)
逆变死区参数设为 0.1		
逆变死区参数设为 1		

（9）检测现场提供的 KNWS-SOC-26 模块，在答题纸的表 5 故障分析中填写故障内容。在计算机中绘制 KNWS-SOC-26 模块电路图。文件保存在 D 盘，文件名为"KNWS-SOC-26 模块电路图"。

表5 故障分析

序号	故障内容
1	
2	
3	
4	
5	
6	

任务四 监控系统

功能要求

（1）通过监控系统的光源模拟跟踪控制系统界面、能量转换控制存储系统界面和离网逆变负载系统界面，分别显示各自的运行状态参数，参数单元应包含电压、电流等与系统相关的信息，并且打印输出。

（2）设计午日灯亮和3盏灯亮的太阳能电池方阵的输出功率曲线图，要求采样点数不少于12个，采样间隔为10秒。在任务二中进行调节线绕变阻器记录电压值和电流值时，通过打印机打印所设计的太阳能电池方阵的输出功率曲线图。

（3）采用监控系统的光伏发电采集报表，采集数据不少于8次，15分钟记录一次能量转换控制存储系统的光伏输入电压、光伏输入电流、直流输出电压、直流输出电流。打印离网逆变负载系统的逆变输入电压、逆变输入电流、逆变功率、负载电压、负载电流、负载功率等数据表。

（4）制作表1～表3并实时采集数值，并打印。

任务五 综合内容

（1）设计30W太阳能路灯系统。要求：太阳能路灯功率为30W，工作电压为直流12V，路灯每天工作8h，连续7个阴雨天能正常工作。当地东经114°，北纬23°，年平均日太阳辐射为$3.82kW/m^2$，年平均月气温为20.5℃，两个连续的阴雨天间隔时长25d。表6是全国各大城市标准日照时数。在答题纸上完成设计过程。

表6 全国各大城市标准日照时数

城市	纬度 Φ(°)	斜面日均辐射量(kJ/m^2)	日辐射量 H_t(kJ/m^2)	最佳倾角(°)
哈尔滨	45.68	15838	12703	$\Phi+3$
长春	43.90	17127	13572	$\Phi+1$
沈阳	41.77	16563	13793	$\Phi+1$
北京	39.80	18035	15261	$\Phi+4$
天津	39.10	16722	14356	$\Phi+5$
呼和浩特	40.78	20075	16574	$\Phi+3$
太原	37.78	17394	15061	$\Phi+5$

续表

城 市	纬度 Φ(°)	斜面日均辐射量(kJ/m²)	日辐射量 H_t(kJ/m²)	最佳倾角(°)
乌鲁木齐	43.78	6594	14464	$\Phi+12$
西宁	36.75	19617	16777	$\Phi+1$
兰州	36.05	15842	14966	$\Phi+8$
银川	38.48	19615	16553	$\Phi+2$
西安	34.30	12952	12781	$\Phi+14$
上海	31.17	13691	12760	$\Phi+3$
南京	32.00	14207	13099	$\Phi+5$
合肥	31.85	13299	12525	$\Phi+9$
杭州	30.23	12372	11668	$\Phi+3$
南昌	28.67	13714	13094	$\Phi+2$
福州	26.08	12451	12001	$\Phi+4$
济南	36.68	15994	14043	$\Phi+6$
郑州	34.72	14558	13332	$\Phi+7$
武汉	30.63	13707	13201	$\Phi+7$
长沙	28.20	11589	11377	$\Phi+6$
广州	23.13	12702	12110	$\Phi+0$
海口	20.03	13510	13835	$\Phi+12$
南宁	22.82	12734	12515	$\Phi+5$
成都	30.67	10304	10392	$\Phi+2$
贵阳	26.58	10235	10327	$\Phi+8$
昆明	25.02	15333	14194	$\Phi+0$
拉萨	29.70	24151	21301	$\Phi+6$

(2) 请在答题纸上简要叙述表4逆变死区时间和谐波总量之间的关系。